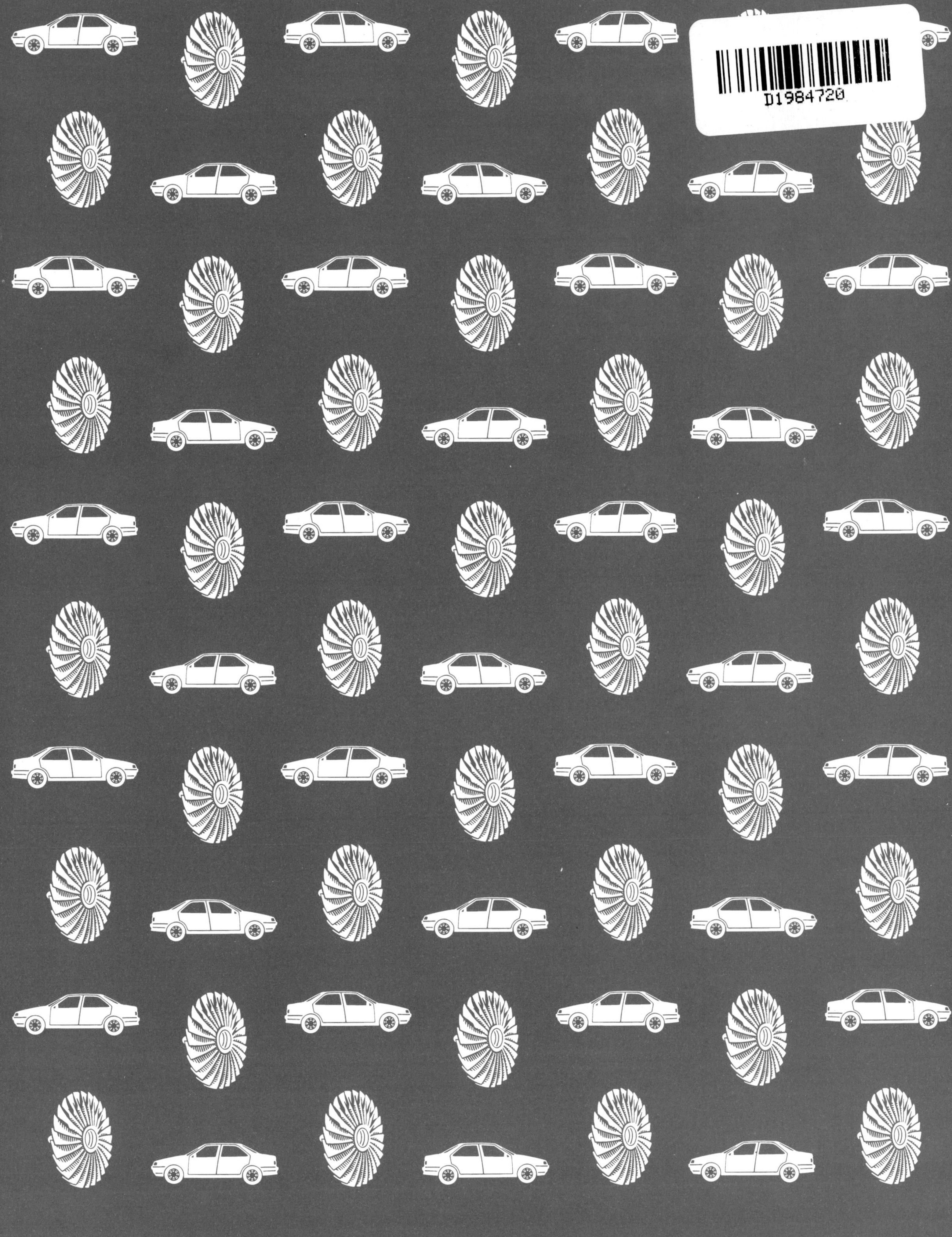

SEHEN · STAUNEN · WISSEN

TECHNIK *

Stuhl aus glasfaserverstärktem Kunststoff (1960er-Jahre)

Zyklon-Entstauber (1993)

Vorrichtung für die Härteprüfung von Metallen nach Brinell

Küchenmixer (1992)

Fahrradrahmen aus kohlefaserverstärktem Verbundwerkstoff (1992)

Grammophon (1920er-Jahre)

Ring-pull-Verschluss
einer Dose

SEHEN · STAUNEN · WISSEN

TECHNIK

Aluminium

Von der Entdeckung des Feuers bis zur computergestützten Fertigung

Text von
Roger Bridgman

Mobiltelefon (1993)

Spielzeug-Wasserpumpe
aus Schrottmaterial

Spannungsmuster einer
Flugzeug-Strahlturbine
beim Abheben (Computer-
simulation)

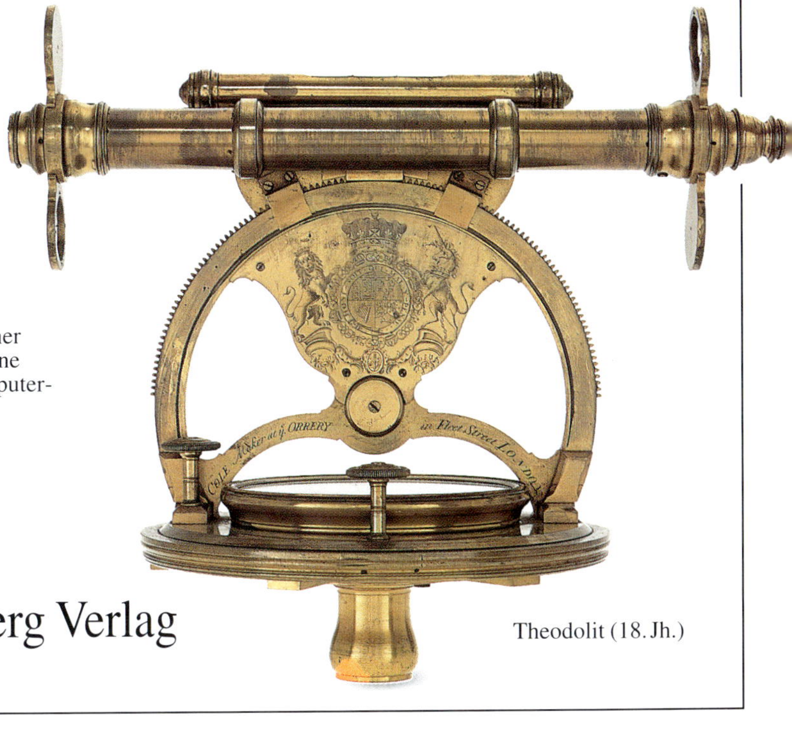

Theodolit (18. Jh.)

Gerstenberg Verlag

Töpfern

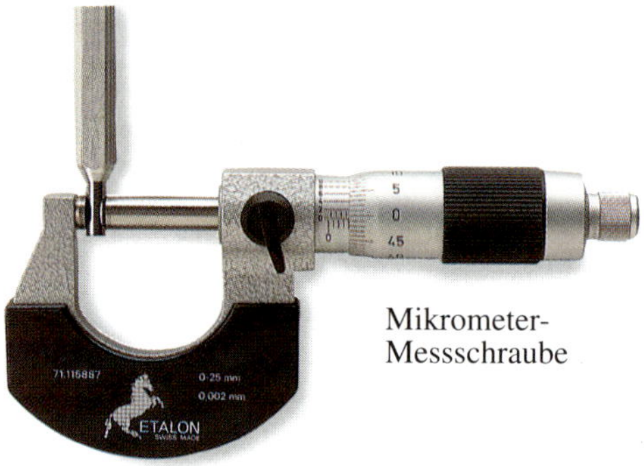

Mikrometer-
Messschraube

Kleinröhre (1950)

Die Deutsche Bibliothek – CIP-Einheitsaufnahme

Ein Titeldatensatz für diese Publikation ist bei
Der Deutschen Bibliothek erhältlich.

Ein Dorling-Kindersley-Buch
Originaltitel: Eyewitness Science: Technology

Lektorat: Charyn Jones, Josephine Buchanan
Layout und Gestaltung: Emma Boys,
Elaine C. Monaghan, Lynne Brown
Herstellung: Fiona Wright
Bildredaktion: Deborah Pownall
Fotografische Spezialeffekte: Clive Streeter
Fachliche Beratung: Eryl Davies

Aus dem Englischen von Eva und
Hans-Jürgen Schweikart, Nürnberg
Redaktionelle Bearbeitung der deutschsprachigen
Ausgabe von Michael Bär, Berlin

Satz: Gerstenberg Druck GmbH, Hildesheim
Printed in China
ISBN 3-8067-4551-X

03 04 05 06 07 5 4 3 2 1

Öllampe

Orchideensamen im
Elektronenmikroskop

Sandgussverfahren

Träger unter Belastung

Strahltriebwerk auf dem Prüfstand

Inhalt

Wolfram-Inertgas-Schweißen

DREHBARE BIBLIOTHEK
Das Leserad erleichterte den Gelehrten des 16.–18. Jh.s die vergleichende Lektüre schwerer Bücher. Im 17. Jh. gelangte diese praktische Erfindung sogar nach China. Unvergleichlich viel kostengünstiger und leistungsfähiger sind heute die Personalcomputer (S. 55).

Was ist Technik?

Unter Technik verstehen wir die Gewinnung von Rohstoffen, ihre Verarbeitung zu Produkten sowie deren Nutzung. Auch Tiere verwenden zwar einfache Werkzeuge, entwickeln ihre technischen Hilfsmittel aber kaum weiter. Der Mensch kann nicht nur aus den vorhandenen Materialien Werkzeuge, Maschinen und komplexe Systeme herstellen, er erkennt auch neue Bedürfnisse, ersinnt Wege zu ihrer Befriedigung und kann die Bedeutung von Zufallsentdeckungen einschätzen und nutzbringend umsetzen. Erst die Entdeckung des Feuers und die Erkenntnis, dass man damit Lehm zu Gefäßen brennen und Metalle aus Gesteinen ausschmelzen kann, machten unsere heutige Welt möglich. Die Eigenschaften der unterschiedlichen Materialien wurden gründlich untersucht. Mit diesem Wissen sowie naturwissenschaftlichen und mathematischen Erkenntnissen verbesserte man bekannte Werkstoffe und entwickelte neue, von elastischer Schwimmkleidung bis zu Materialien für den Flugzeugbau. Der Herstellung eines Produkts geht stets die Planung voraus. Was gebraucht wird, wie es aussehen soll und woraus man es herstellt, ermittelt man heutzutage am Computer. Für die Umsetzung steht eine enorme Vielfalt von Werkstoffen zur Verfügung. Dennoch ist die Herstellung eines Produkts, das gut funktioniert, wenig kostet und den Benutzern gefällt, eine anspruchsvolle Aufgabe.

CHINESISCHER BRUNNEN
Diese einfache und zugleich effiziente Vorrichtung zum Schöpfen und Verteilen von Wasser (S. 22) machte Leben, Ackerbau und Viehzucht auch in trockenen Gegenden möglich und wurde in Asien jahrtausendelang benutzt. Mithilfe des Gewichts am Ende der Stange ließ sich mühelos Flusswasser in Eimern fördern und in höher gelegene Bewässerungskanäle entleeren, die die Felder durchzogen.

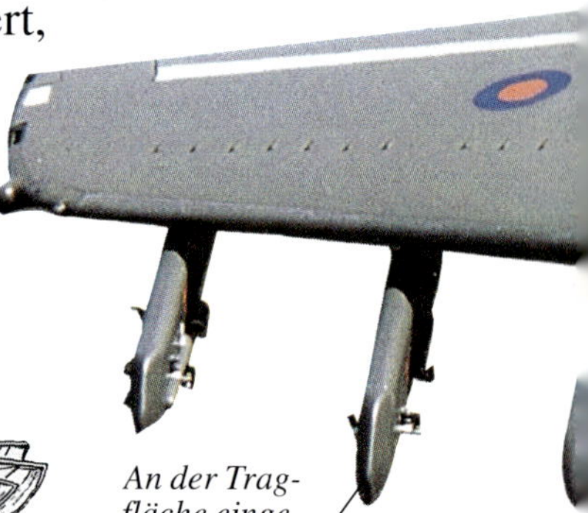

An der Tragfläche eingeklinkte Waffen

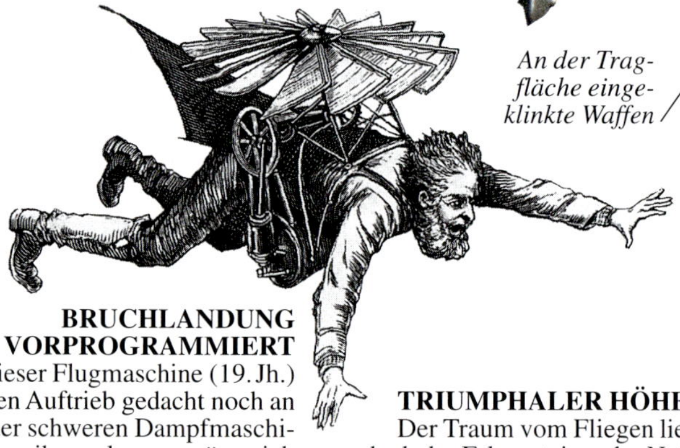

BRUCHLANDUNG VORPROGRAMMIERT
Der Erfinder dieser Flugmaschine (19. Jh.) hat weder an den Auftrieb gedacht noch an das Gewicht der schweren Dampfmaschine. Und wenn es ihm gelungen wäre, sich damit in die Lüfte zu erheben, hätte er mit Schrecken festgestellt, dass sich das Gefährt nicht steuern lässt.

TRIUMPHALER HÖHENFLUG
Der Traum vom Fliegen ließ sich erst dank der Erkenntnisse der Naturwissenschaften und der Mathematik verwirklichen. Am 25. Juli 1909 überquerte der Franzose Louis Blériot (1872–1936) in einem selbst konstruierten Eindecker (*Blériot XI*) in nur 36,5 min den Ärmelkanal zwischen Calais und Dover.

WIE EINE ZWEITE HAUT
Mit Kleidung aus modernen Kunstfasern erzielen Sportler noch bessere Leistungen. Dank der Festigkeit von Nylon kann dieser Schwimmanzug extrem dünn sein; die Beimischung von elastischem Lycra bewirkt, dass er faltenlos wie eine zweite Haut anliegt.

EIN ALTES HANDWERK
Das Gerben von Tierhäuten ist das wohl älteste industrielle Verfahren. Ursprünglich verwendete man (wie heute noch in Marokko, rechts) Extrakte aus Baumrinde, die Gerbstoff (Tannin) enthalten. Dieses pflanzliche Gerbverfahren dauert Wochen. Mit Chromverbindungen erreicht man heute das gleiche Ergebnis in wenigen Tagen. Die Oberhaut wird dabei in ein zähes, faseriges Material umgewandelt, das elastisch und widerstandsfähig ist. Erst setzt man den Häuten Kalk zu, um die Fellhaare zu entfernen. Danach werden sie mit Säure und Salz behandelt und mit der Gerblösung zu Leder weiterverarbeitet.

SENKRECHT NACH OBEN
In den heutigen schnittigen Flugzeugen ist technisches Know-how mit modernsten Werkstoffen und Verfahren vereint. Ihre Tragflügel sind so geformt, dass im Flug an ihrer Oberseite ein Unterdruck entsteht, sodass die Tragfläche nach oben gedrückt wird. So wird die Schwerkraft überwunden. Bei diesem erstmals 1966 eingesetzten britischen Flugzeug vom Typ *Harrier* lassen sich die Düsen der Strahltriebwerke (S. 37) fast senkrecht nach unten richten, sodass es von einem Schiff oder einem Gelände ohne Startbahn senkrecht nach oben starten kann.

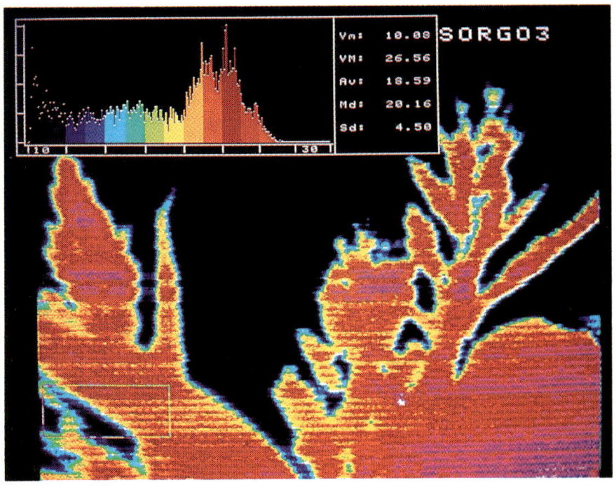

EINE ALTERNATIVE
Das Infrarot-Bild (S. 59) zeigt die Auswirkung von Bewässerungsmaßnahmen auf den Ernteertrag von Sorghum (süße Mohrenhirse). Aus dieser Getreideart kann man durch Fermentierung Biotreibstoffe gewinnen, die möglicherweise in der Zukunft unsere rasch abnehmenden Ölreserven ersetzen werden.

KRATZBILD
Das Bild auf dem Boden dieser altgriechischen Schale zeigt einen Schuhmacher. Es entstand durch Abkratzen einer schwarzen Schicht, die zuvor auf den gebrannten Ton aufgetragen wurde.

Vom Rohstoff zum Produkt

Bereits vor Jahrtausenden begann der Mensch Materialien aus der Natur in andere, zur Herstellung nützlicher Gegenstände besser geeignete Formen zu überführen. Brüchige Behältnisse aus weichem Lehm wurden durch Erhitzen im Feuer stabil und wasserundurchlässig, sodass sie sich zum Kochen und Aufbewahren eigneten. Selbst aus ganz gewöhnlichem Sand kann man durch Erhitzen mit geeigneten Zutaten ein glattes, durchsichtiges Material herstellen: Glas. Harte, zähe Metalle lassen sich aus Erzen gewinnen, wenn man sie in der richtigen Mischung mit anderen Stoffen zusammen erhitzt. Alle diese Vorgänge erfordern Energie, die meist durch Erhitzen zugeführt wird. Die ihnen zugrunde liegenden Verfahren sind noch heute gebräuchlich. Allerdings werden sie im großtechnischen Maßstab angewandt, wobei enorme Mengen Energie umgesetzt werden.

EIN GEFÄSS ENTSTEHT
Zum Töpfern verwendet man feinen weißen oder roten Ton. Um groben Sand zu entfernen, wird der Ton gewaschen und getrocknet, bis er geschmeidig, aber nicht mehr nass ist. Durch Kneten presst man Luftblasen heraus, die sich beim Brennen ausdehnen und das Gefäß zum Platzen bringen könnten.

Aus den „Würsten" formt man das Gefäß.

1 FORMEN
Runde Töpfe sind besonders stabil. Eine runde Form kann man mit gerollten „Tonwürsten" herstellen. Bevor man sie aufeinander legt, befeuchtet man sie mit einer Mischung aus Wasser und Ton.

Die Oberfläche wird mit den Händen geglättet.

2 GLÄTTEN
Die Unebenheiten verstreicht man mit den Händen oder einem geeigneten Werkzeug. Nach dem Trocknen wird aus dem brüchigen Tongefäß unter dem Einfluss der Hitze im Brennofen ein stabiler, haltbarer Topf.

Die Glasur wird mit dem Pinsel aufgetragen.

3 GLASIEREN
Nach 8–10 h nimmt man das stabile, aber poröse Gefäß aus dem Brennofen. Eine Glasur macht es wasserundurchlässig. Sie besteht aus den normalen Zutaten für Glas sowie Spuren von Metallsalzen, die den Überzug farbig machen.

Verschiedene Farben durch unterschiedliche Zusammensetzung der Glasur

Blaue Farbe durch Beimischung von Kobalt

4 FERTIG!
Beim zweiten Brenngang wird die Glasur eingebrannt. Sie überzieht danach als geschmolzenes Glas die Oberfläche und bewirkt reizvolle Glanzeffekte.

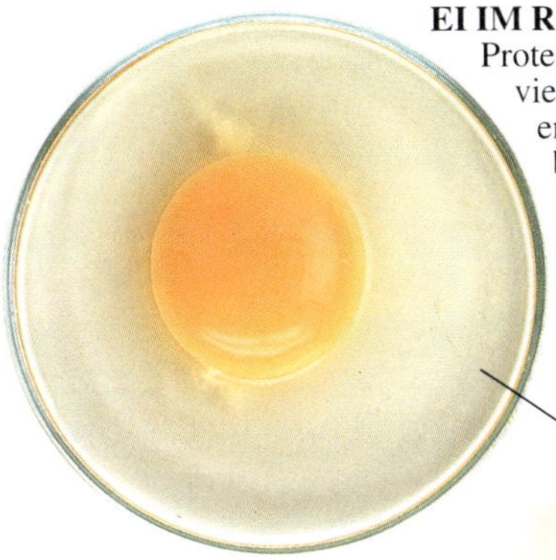

EI IM ROHZUSTAND …
Proteine sind der Hauptbestandteil vieler Naturstoffe, so auch von Eiern. Proteinlösungen wie Eiweiß bestehen aus langen wasserlöslichen Molekülen. Dadurch haben sie eine klebrige Konsistenz und eignen sich als Klebemittel oder Bindemittel für Farben.

Zähflüssiges Eiweiß

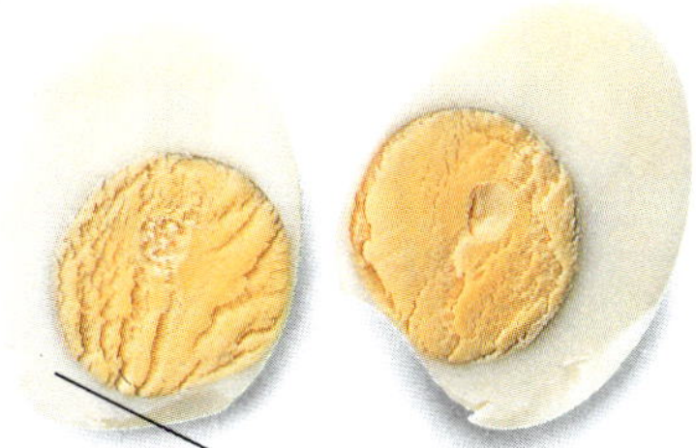

… UND GEKOCHT
Nach dem Kochen ist das zuvor klare, flüssige Eiweiß weiß und fest. Die chemische Struktur der Proteine wurde aufgebrochen; dadurch ist das Ei leichter verdaulich.

Das Eiweiß ist nicht mehr klar.

KOCHEN UND BACKEN
Wie alles andere sind auch Nahrungsmittel aus Atomen aufgebaut, die sich zu größeren Verbänden, den Molekülen, zusammenschließen. Beim Kochen wird Energie zugeführt. Sie bewirkt, dass sich die Moleküle zu neuen, meist kleineren und leichter verdaulichen Molekülen umlagern. Oft ändern sich dabei auch Aussehen und Geschmack: So machen die beim Backen ablaufenden chemischen Prozesse aus fettigem Teig köstliche Plätzchen.

Glasherstellung

Die Grundlagen der Glasherstellung sind seit über 6000 Jahren bekannt: Man erhitzt eine Mischung aus Sand, Soda und Kalkstein. Durch Zugabe weiterer Substanzen kann man Farbe erzeugen und Eigenschaften wie Hitzebeständigkeit erzielen. Glas wirkt wie ein Feststoff, ist jedoch eine erstarrte Flüssigkeit. In heißem Zustand ist es dünnflüssig und kann durch Blasen, Gießen, Walzen oder Pressen geformt werden. Glas ist korrosionsbeständig, allerdings auch zerbrechlich. Wegen seiner Transparenz und Härte ist es als Werkstoff für Fenster und Kameralinsen unübertroffen.

Kalkstein

Sand

Soda

MAN NEHME …
Glas wird aus Sand, Soda und Kalkstein hergestellt. Aus diesen Rohstoffen entsteht beim Erhitzen flüssige Glasmasse, die nach dem Formen und Abkühlen wasserundurchlässig ist.

Glasmacherpfeife (Stahlrohr)

Vorgeblasenes Külbel

Durch Drehen und Aufsetzen auf einer Bodenplatte kommt die Form zustande.

DIE FORM MUSS STIMMEN
Flaschen gibt es je nach Verwendungszweck in vielen Formen und Größen. Passt die Form nicht zum Inhalt, kommt das Produkt beim Verbraucher nicht an. Von neuen Flaschenformen fertigt man erst ein Modell an, wie die Ketchup-Flasche aus Kunststoff (rechts), oder man entwirft sie am Computer (S. 55).

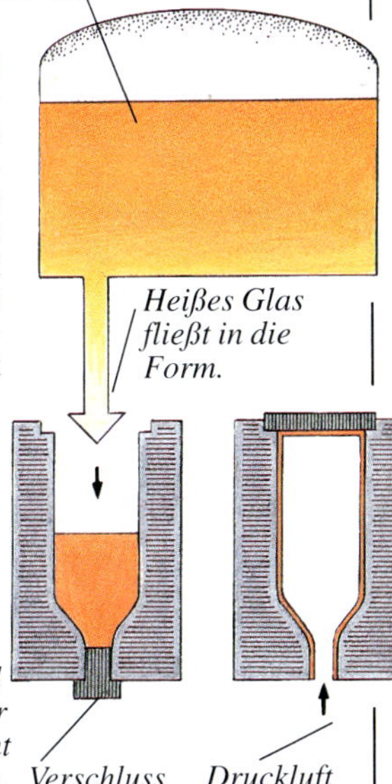

SO GEHT'S
Flaschen werden sekundenschnell aus Glasschmelze geformt. Das flüssige Glas wird in eine kopfstehende Form gegeben und mit Druckluft nach oben gepresst. Dann lässt man die Flaschen langsam abkühlen, damit nicht durch ungleichmäßige Temperaturen Spannungen im Glas entstehen.

WIE FRÜHER
Ein Klumpen Glasschmelze, das Külbel, wird in eine Metallform gegeben. Wenn der Glasbläser in das Külbel bläst, dehnt es sich aus und schmiegt sich an die Wandung der Form. Heute werden Flaschen meist vollautomatisch hergestellt.

1955: 540 g — 1965: 456 g — 1975: 340 g — 1985: 242 g

LEICHT UND BILLIG
In diese vier Flaschen passt jeweils gleich viel Milch, dennoch sind sie unterschiedlich schwer. Leichte und zugleich stabile Flaschen verursachen weniger Material- und Transportkosten.

Schneiden

Steinzeitliche Handaxt

IN GRAUER VORZEIT
Den Steinzeitmenschen standen noch keine Metalle zur Verfügung. Sie stellten ihre Schneidewerkzeuge und Waffen aus Feuerstein her, der leicht splittert und dabei scharfe Kanten bildet.

Durch Schneiden kann man fest miteinander Verbundenes oder Zusammengewachsenes, z.B. einen Baum und seine Äste oder ein Tier und seine Haut, voneinander trennen. Dabei wird die Kraft, die das Material zusammenhält, durch starken örtlichen Druck überwunden, wobei gilt: Je kleiner die Fläche, auf die eine bestimmte Kraft einwirkt, desto größer ist der erzeugte Druck. So kann man einen Holzklotz mit der scharfen Klinge einer Axt (kleine Fläche) mühelos spalten, mit der relativ großen Schlagfläche eines Hammers dagegen erreicht man wenig. Scheren funktionieren nach einem anderen Prinzip: Ihre Kanten bilden zwei Keile, die aus entgegengesetzten Richtungen in ein Material schneiden. Wichtig ist stets, dass das Schneidewerkzeug aus einem härteren Material ist als der zu schneidende Werkstoff, da es den gleichen Druck aushalten muss. Unsere Vorfahren in der Steinzeit nutzten zum Schneiden scharfkantige Werkzeuge aus Feuerstein (Flint) und Obsidian, einem natürlich vorkommenden glasartigen Gestein. Um eine Handaxt wie die links abgebildete herzustellen, brachen sie ein Stück aus einem größeren Feuersteinbrocken heraus, indem sie diesen gegen einen anderen Stein schleuderten. Danach klopften sie die Kanten flach. Besser sind natürlich metallene Schneidewerkzeuge; sie splittern nicht und nutzen sich langsamer ab.

BEINARBEIT
Eine Säge zertrennt mit ihren Zähnen die zähen Holzfasern. Die Arbeit mit der Handsäge ist langsam und mühsam. Schneller und leichter geht es mit dieser Maschine aus dem 19. Jh., die mit den Beinen angetrieben wurde.

DER RICHTIGE DREH
Eine Drehbank gehört zur technischen Grundausstattung. Das im Spannfutter befestigte Werkstück wird geformt, indem es gegen ein Schneidewerkzeug rotiert. Große, fest stehende Vorrichtungen wie die Drehbank nennt man Werkzeugmaschinen. Sie arbeiten genauer und schneller, als es mit Handwerkzeugen möglich ist. Eine moderne, computergesteuerte Drehbank kann tausende von Präzisionsteilen (S. 38–39) pro Stunde herstellen.

SÄGEN FRÜHER UND HEUTE
Früher fällten mehrere Waldarbeiter einen Baum in stundenlanger Schwerstarbeit. Mit moderner technischer Ausrüstung geht dies heute in Minutenschnelle. Die Energie für den Antrieb der Kettensäge liefert ein Verbrennungsmotor. Die Sägezähne aus gehärtetem Spezialstahl (S. 14) ragen aus einer endlos umlaufenden Gliederkette heraus. Die Kettensäge funktioniert selbst dann einwandfrei, wenn sie beim Betrieb heißläuft.

Wandung

Boden

Griff

VIELSEITIGES BLECH

Trotz ihrer Härte lassen sich Metalle gut von Hand bearbeiten. Sie sind nicht faserig wie Holz, lassen sich sauber schneiden und sind – einmal geformt – formbeständig. Dünnes Stahlblech ist ein vielseitiger und preiswerter Werkstoff. Allerdings ist es rostanfällig. Diesen Nachteil umgeht man durch Aufbringen einer Zinnauflage. Aus dem so erhaltenen Weißblech fertigt man Konservendosen, aber auch einfache Haushaltsgegenstände. Die Einzelteile für eine Schöpfkelle (S. 12) schneidet man mit der Blechschere, einer besonders kräftigen Schere, zurecht.

Fertige Ausstechform

Die Form wird mit der Zange zurechtgebogen.

ALLES HANDARBEIT

Unter hoher Belastung verbiegen sich Metalle dauerhaft, ohne ihre Härte einzubüßen. Dieser Feinblechner biegt aus Weißblech Ausstechformen für Plätzchen. Dabei wird das Metall steifer. Dieser Effekt bewirkt, dass das Produkt beim Gebrauch formbeständig bleibt. Die meisten Gebrauchsgegenstände werden heute industriell gefertigt, handgefertigte Erzeugnisse sind aufgrund ihrer Individualität jedoch nach wie vor gefragt.

DRECHSELARBEITEN

Der abgebildete marokkanische Drechsler stellt dekorative Holzgegenstände her. Er versetzt das zwischen zwei Zapfen eingespannte Werkstück mit dem Fuß in Drehung, die Hände bleiben für das Schneidewerkzeug frei. Etwas komfortablere Drechselbänke mit Fußhebel und einem um das Werkstück gewickelten Seil wurden jahrtausendelang verwendet. Moderne Drechselbänke sind Präzisionsmaschinen: Der Rohling ist in ein rotierendes Futter eingespannt und das Schneidewerkzeug auf einem Schlitten montiert, der in Führungsschienen läuft. Die fertigen Werkstücke weisen nur geringfügige Maßabweichungen auf.

Zuleitung für Kühlflüssigkeit (beweglich durch Gelenkverbindungen)

Werkzeughalter

Bolzen zur Arretierung des Werkzeughalters

Auf dem Führungsschlitten bewegt sich der Werkzeughalter.

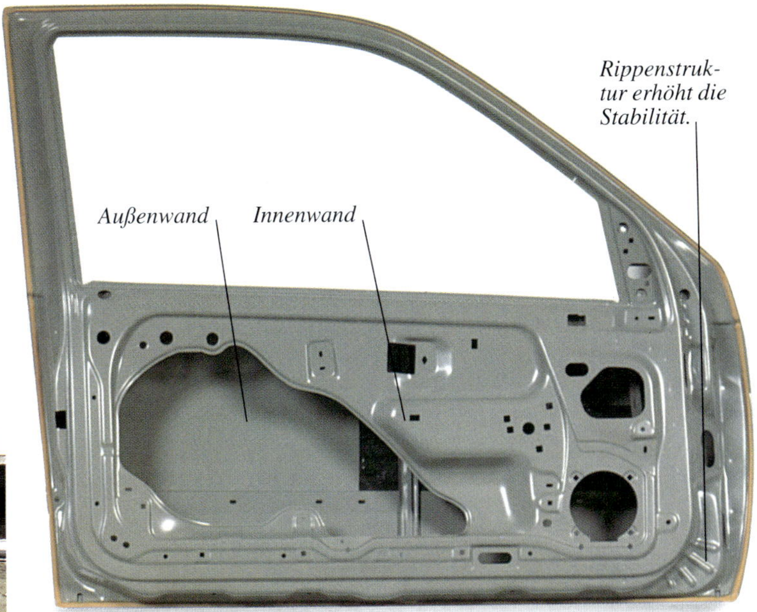

Rippenstruktur erhöht die Stabilität.

Außenwand

Innenwand

SAUBERER SCHNITT

Die Teile eines Autos (S. 42–43) werden in vielen einzelnen Arbeitsgängen gefertigt. Die Profile für Innen- und Außenwand der Seitentür werden aus Stahlblech geformt. Aussparungen, z.B. für die Seitenfenster, werden ähnlich wie bei einem Papierlocher aus dem Metall gestanzt, wobei man die Kanten sauber abschneidet. Wenn Teile in großer Zahl benötigt werden, lohnt sich die Herstellung komplizierter Stanzwerkzeuge.

Metalle

Sachsen-Speer (400–500 n. Chr.)

Ohne Metalle wäre unsere heutige Welt undenkbar. Sie sind härter, zäher und steifer als jedes andere Material und lassen sich trotzdem gut schneiden und auf vielerlei Weise formen. In der Landwirtschaft (S. 44–45) bewirkten Metalle tief greifende Veränderungen, in der Industrie spielten sie von Anfang an eine wichtige Rolle, und im Transportwesen lösten sie eine wahre Revolution aus, die mit dem Bau von Eisenbahnen und Schiffen begann. In der Luft- und Raumfahrttechnik sind vor allem leichte, hitzebeständige Metalle wie Titan gefragt. Die Fähigkeit der Metalle, elektrischen Strom zu leiten, ist die Grundlage der Stromversorgung, der Telekommunikation und der Computertechnik. Selbst in Glühbirnen ist Metall verarbeitet: Der widerstandsfähige Glühfaden aus Wolfram bewirkt, dass die Birne über tausend Stunden lang helles Licht geben kann.

HEISS BEGEHRT
Als erstes Metall verwendeten unsere Vorfahren vor etwa 8000 Jahren vermutlich Kupfer. Edelmetalle wie das Gold aus dieser japanischen Mine faszinierten den Menschen von jeher und wurden von den Reichen und Mächtigen gehortet.

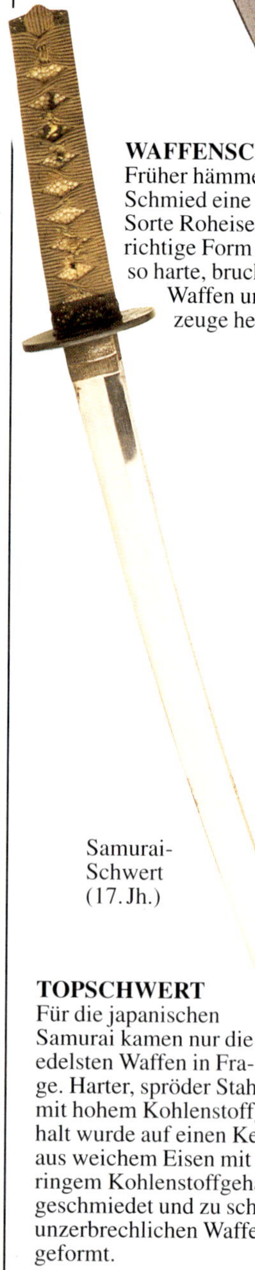

WAFFENSCHMIEDE
Früher hämmerte der Schmied eine geeignete Sorte Roheisen in die richtige Form und stellte so harte, bruchfeste Waffen und Werkzeuge her.

Aluminium

Zink

Eisen

Kupfer

VIELFALT DER METALLE
Erst seit ungefähr 6000 Jahren können die Menschen aus Erzen Metalle gewinnen. Heute ist Eisen in Form von Stahl das wichtigste Gebrauchsmetall. Gleich danach kommt Aluminium, dessen Gewinnung durch Elektrolyse energieaufwändig und teuer ist. Zink wurde erst im 18. Jh. entdeckt; es wird häufig in Legierungen (S. 14) oder zum Korrosionsschutz verwendet. Auch das weiche, korrosionsbeständige Blei setzt man in Legierungen ein, während Zinn als Überzug für korrosionsanfällige Metalle (Weißblech, S. 11) dient.

Blei

Schöpfkelle aus Weißblech

VERBIEGEN
Selbst wenn man mit aller Kraft an dem dünnen Draht einer Büroklammer zieht, reißt er nicht. Biegt man ihn aber, wird der Elastizitätsbereich des Metalls, innerhalb dessen es wieder die alte Form annimmt, überschritten: Die Klammer bleibt dauerhaft verbogen.

Durch Biegen verformte Büroklammer

1 AUF BIEGEN …
Drückt man die Büroklammer ein wenig auseinander und lässt sie wieder los, federt sie in ihre Form zurück. Biegt man kräftiger, gleiten die Metallatome im Stahldraht aneinander vorbei und kehren nicht mehr in die Ausgangsposition zurück: Die Form ist dauerhaft verändert.

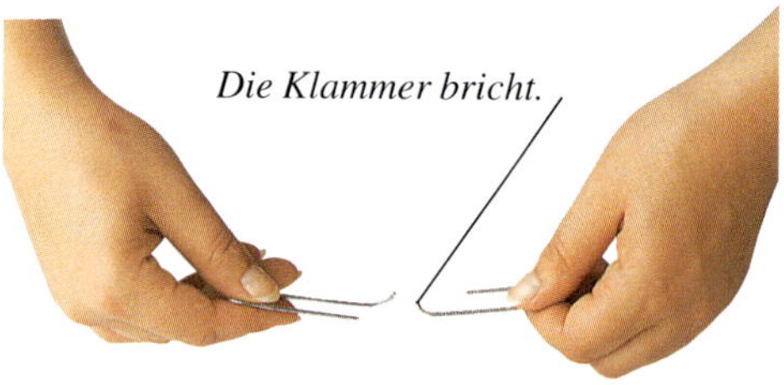

Die Klammer bricht.

2 … UND BRECHEN
Nur durch Unregelmäßigkeiten in der Struktur eines Metalls (Fehlordnungen, S. 15) sind die Atome beweglich und können die durch Biegen zugeführte Energie aufnehmen. Mehrfaches Hin- und Herbiegen beseitigt die Fehlordnungen und hemmt die Beweglichkeit der Atome. Die Klammer lässt sich immer schwerer biegen, bis sie schließlich bricht.

Samurai-Schwert (17. Jh.)

TOPSCHWERT
Für die japanischen Samurai kamen nur die edelsten Waffen in Frage. Harter, spröder Stahl mit hohem Kohlenstoffgehalt wurde auf einen Kern aus weichem Eisen mit geringem Kohlenstoffgehalt geschmiedet und zu scharfen, unzerbrechlichen Waffen geformt.

In einem idealen Metall sind die Atome völlig regelmäßig angeordnet.

METALLSTRUKTUR
Metalle bestehen aus Kristallen, die meist Unregelmäßigkeiten in der Atomanordnung aufweisen. Oft setzt man ihnen andere Stoffe zu, um Legierungen mit bestimmten Eigenschaften (S. 14) zu erhalten.

ZUGVERSUCH
Anhand von Prüfstücken gleicher Größe und Form vergleicht man die Festigkeit von Metallen.

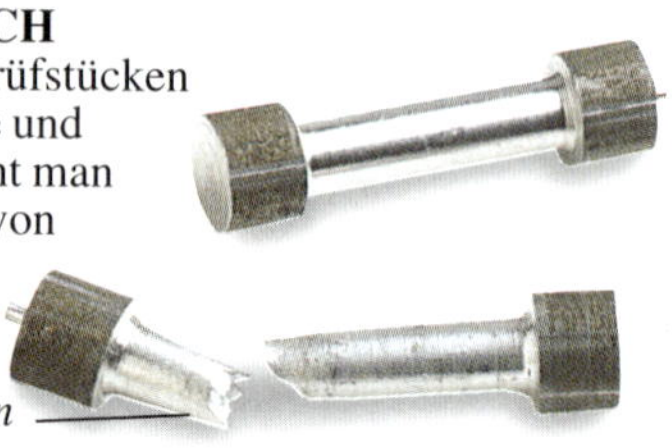

Beim Zugversuch gebrochen

Platten aus Roheisen

Durch Hämmern werden Verunreinigungen ausgetrieben.

SCHMIEDEEISEN

Roheisen kommt mit einem hohen Gehalt an Kohlenstoff sowie anderen Verunreinigungen aus dem Hochofen. Bevor man den Kohlenstoffanteil großtechnisch durch Einblasen von Luft reduzieren konnte, wurde das Roheisen zu Schmiedeeisen verarbeitet. Man setzte es in flüssigem Zustand der Luft aus, wobei Kohlenstoff und andere Verunreinigungen als Oxide ausgeschieden wurden. Durch Hämmern ließ sich die Reinheit des Schmiedeeisens weiter verbessern. Schmiedeeisen ist widerstandsfähig und zugfest (S. 20–21).

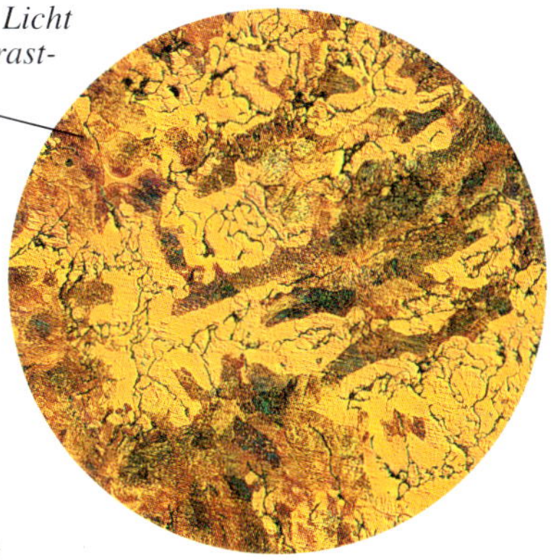

Polarisiertes Licht erzeugt Kontrastfarben.

IM MIKROSKOP

Roheisen ist zwar schlagfest, aber aufgrund des hohen Kohlenstoffgehalts spröde. Die geätzte und polierte Metalloberfläche ist hier 60fach vergrößert.

Druckanzeige

Extrem harte Kugel wird in die Probe gedrückt.

Schraube zur Positionierung des Prüfstücks

HÄRTEPRÜFUNG NACH BRINELL

Die Härte eines Metalls definiert man als den Widerstand, den es Verformungsversuchen entgegensetzt. Blei ist so weich, dass man es mit dem Fingernagel ritzen kann, Spezialstähle dagegen so hart, dass man mit ihnen gewöhnlichen Stahl wie Butter schneiden kann. Diese Prüfmaschine zur exakten Härtemessung beruht auf einer Erfindung des schwedischen Metallurgen Johann August Brinell (1849–1925) aus dem Jahr 1900.

Der Durchmesser des Eindrucks wird festgestellt.

EINDRUCKSVOLL

Der Durchmesser des Eindrucks wird mit einer Lehre ermittelt und in einen Wert für die Brinellhärte umgerechnet. Für gewöhnlichen Stahl beträgt dieser 130, für Aluminium 27. Etwas neuer ist das in den USA entwickelte Härtemessverfahren nach Rockwell, das nach demselben Prinzip funktioniert.

Hammer mit Prägeform an der Unterseite

Der Metallblock liegt in einer Matrize, die die unten liegende Seite ausformt.

MIT VOLLER WUCHT

Mit der Gesenkschmiede werden z.B. Kurbelwellen für Automotoren geformt, die große Belastungen aushalten müssen. Schon nach ein paar Schlägen mit dem riesigen Fallhammer (Bär) ist das Werkstück grob geformt. Zwischen den zusammengepressten Prägeformen weiterer Schmiedegesenke erhält es seine endgültige Form und wird anschließend von Hand nachbearbeitet.

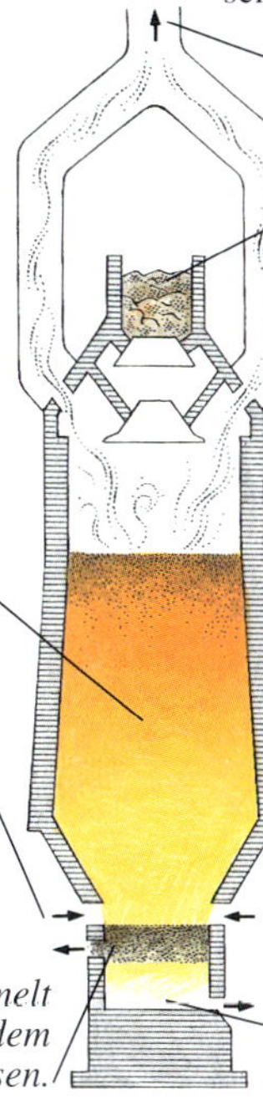

Gichtgas als Brennstoff für die Winderhitzer

Der Ofen wird mit Eisenerz, Koks und Kalkstein beschickt.

Koks verbrennt zu Kohlenmonoxid, das dem Eisenerz den Sauerstoff entzieht.

Winderhitzer führen heiße Luft zu.

Schlacke sammelt sich über dem flüssigen Eisen.

Flüssiges Roheisen wird entnommen („abgestochen“).

VERHÜTTUNG

In Erzen ist das Metall an nichtmetallische Elemente wie Sauerstoff oder Schwefel gebunden. Um diese abzutrennen, erhitzt man das Erz zusammen mit Substanzen, mit denen sie sich leichter verbinden als mit dem Metall. Für oxidisches Eisenerz verwendet man hierzu Koks; der Sauerstoff wird dabei vom Eisen auf den Kohlenstoff übertragen. Kalkstein hält die Verunreinigungen (Schlacke) flüssig, sodass sich das Eisen von ihnen trennen kann.

Verwendung von Metallen

Römische Bronzebüste

Über 30 Metalle werden im Alltag verwendet. Manche sind billig und vielseitig einsetzbar, andere sind teuer, werden aber aufgrund ihrer besonderen Eigenschaften benötigt. So fertigt man aus Silber nicht nur Schmuck, sondern verwendet es auch zur Herstellung fotografischer Filme. Titan ist leicht und zugleich sehr fest. Es findet vor allem im Flugzeugbau und – in Verbindung mit Sauerstoff – als Weißpigment für Anstrichfarben (S. 50–51) Verwendung. Aluminium war bis vor 100 Jahren ein seltenes Metall, heute wird es in riesigen Mengen zu Getränkedosen verarbeitet. Besonders nützliche Eigenschaften kann man erreichen, wenn man mehrere Metalle zu Legierungen mischt. Die wichtigste Legierung ist Stahl (Eisen mit geringem Kohlenstoffgehalt). Durch Hinzufügen anderer Metalle lassen sich die Eigenschaften von Stahl variieren: Chrom verhindert Rostbildung, Mangan härtet ihn.

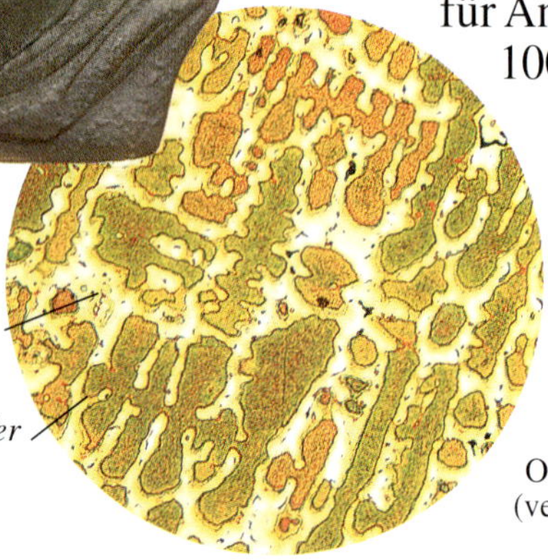

Bronze-Oberfläche (vergrößert)

DIE ÄLTESTE LEGIERUNG
Bronze, die aus Kupfer und Zinn besteht, wurde schon in vorgeschichtlicher Zeit verwendet. Ihre Farbe und Korrosionsbeständigkeit machen sie zu einem beliebten Werkstoff der Bildhauer.

FÜR BESONDERE VERDIENSTE
Der Viktoriaorden aus Gusszinnbronze ist eine der höchsten Auszeichnungen, die ein britischer Soldat erhalten kann. Der an einem karminroten Band hängende Orden, 1856 von Königin Viktoria gestiftet, wird nur selten verliehen. Ursprünglich wurde er aus Kanonen gegossen, die die Briten bei der Schlacht um Sewastopol (1854/55) von den Russen erbeutet hatten.

Die Aluminiumdose

Eine sehr effiziente Verwendung des relativ teuren Aluminiums stellen Getränkedosen dar. Eine heutige Dose enthält 30% weniger Metall als eine vor 20 Jahren hergestellte. Beim Verbraucher sind Aluminiumdosen wegen ihres geringen Gewichts beliebt. Verpackungsdesignern bietet ihre spiegelnde Oberfläche viele Möglichkeiten für effektvolle Aufdrucke. Inzwischen gibt es vielerorts Sammelstellen für Aluminiumabfälle, die anschließend recycelt werden (S. 62).

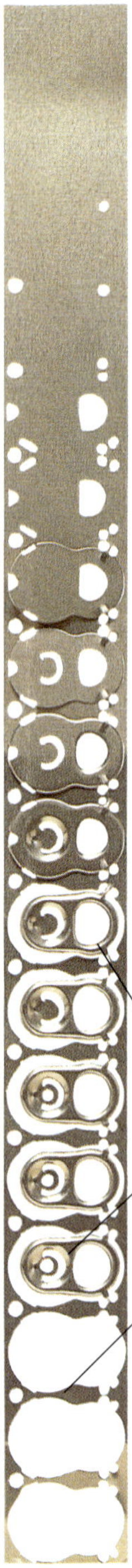

SCHRITT FÜR SCHRITT
Ring-pull-Verschlüsse werden aus Metallstreifen gestanzt. Bei zu starker oder zu schneller Belastung würde das Material brechen. Deshalb wird der Streifen in mehreren Stanzschritten jeweils nur leicht verändert. Auf diese Weise kommt eine komplexe Form präzise und dennoch schnell zustande. Die fertigen Laschen werden aus dem Streifen gedrückt; das Abfallmaterial wird wiederverwertet.

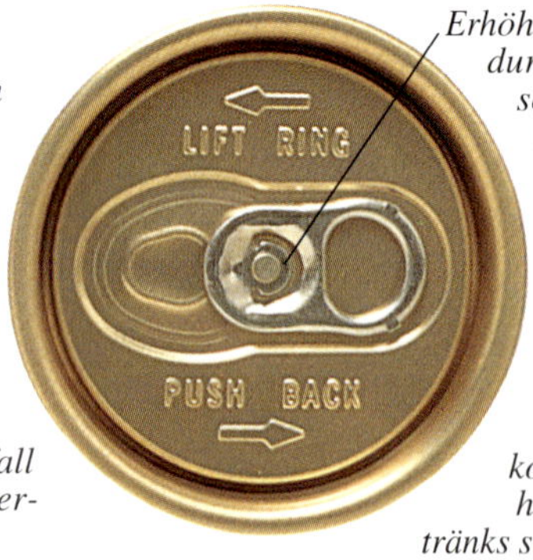

DER DECKEL
Auf dem Deckel wird eine Sollbruchlinie eingestanzt, an der entlang das Metall bricht, wenn man die Dose öffnet. In der Mitte erhält er eine Erhöhung, die durch das kleinere Loch an der Lasche passt und die zu einer Nietverbindung abgeflacht wird, nachdem die Lasche aufgesetzt wurde.

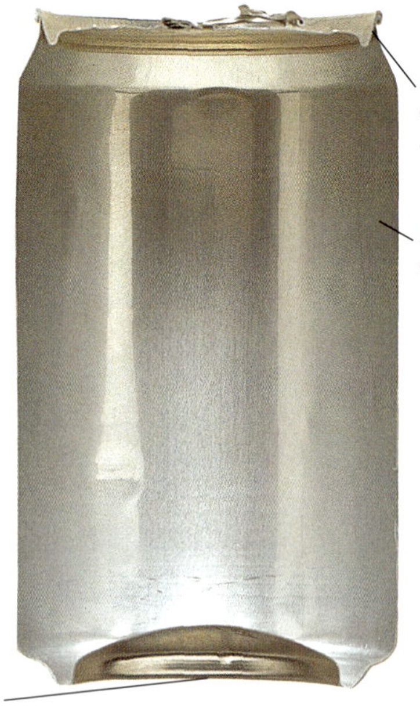

IM TIEFZIEHVERFAHREN
Eine Metallscheibe wird durch eine Öffnung gepresst und vom Boden aus zu einer Becherform ausgezogen. Am Boden ist das Metall dicker, um dem Druck des kohlensäurehaltigen Getränks standhalten zu können.

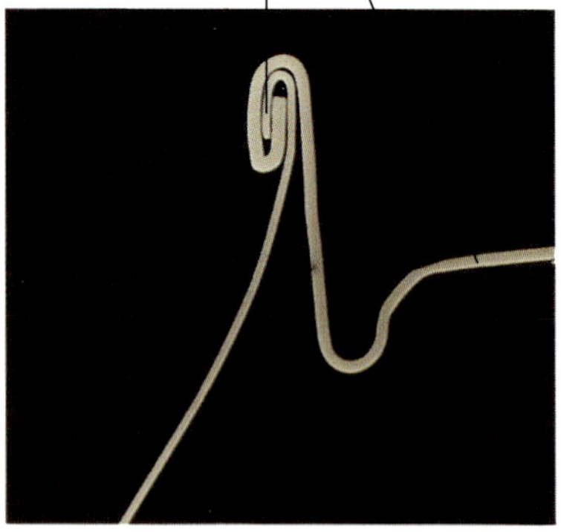

ALLES DICHT?
Unmittelbar nach dem Befüllen wird der Deckel aufgesetzt und maschinell um den oberen Dosenrand gebördelt. Eine elastische Dichtungsmasse am Deckelrand verhindert, dass Kohlensäure entweicht.

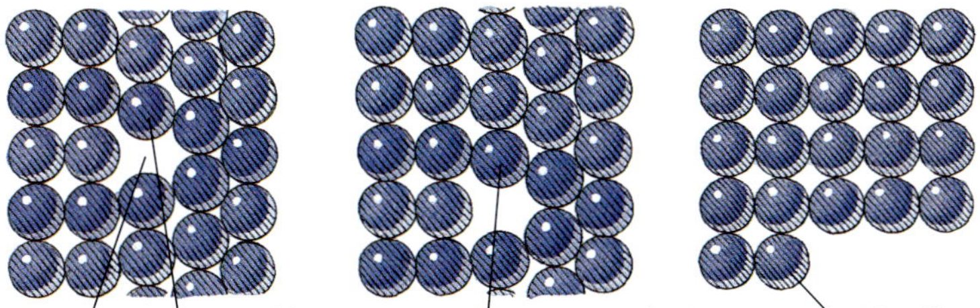

FEHLER …
Metallkristalle sind nicht perfekt angeordnet. Wenn die Atome beim Erstarren der Schmelze ihre Positionen einnehmen, entstehen häufig Lücken, die man Fehlordnungen nennt.

… MACHEN FLEXIBEL
Wegen der Fehlordnungen können die Atome sich bewegen, sodass das Material bei Zug nicht bricht, sondern gedehnt wird. Dabei wandert die Fehlordnung weiter.

VERFORMUNG
Bei wiederholter Belastung verhaken sich die wandernden Fehlordnungen. Das Metall wird spröde (Verfestigung durch Verformung, S. 12) und kann schließlich brechen.

GARANTIERT ROSTFREI
1913 stellte der britische Metallurg Harry Brearley (1871–1948) erstmals rostfreien Stahl mit 13% Chromgehalt her. Seine Erfindung erwies sich als äußerst korrosionsbeständig. Chrom bildet mit Luftsauerstoff eine widerstandsfähige Schutzschicht, die sich sofort neu bildet, wenn das Metall zerkratzt wird.

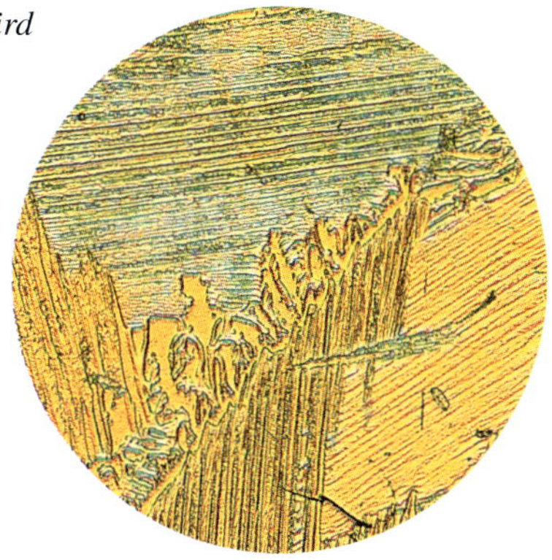

Besteck aus rostfreiem Stahl

IDEALE EIGENSCHAFTEN
Manchmal verbinden sich die Eigenschaften zweier Metalle in einer Legierung auf ideale Weise: Diese 50fach vergrößert abgebildete Titan-Aluminium-Legierung ist beinahe so fest wie Titan und kaum schwerer als Aluminium. Wie die meisten Legierungen hat sie einen niedrigeren Schmelzpunkt als jedes der beteiligten Metalle. Für hohe Temperaturen greift man daher meist auf reines Titan zurück.

Ein hohler Wabenkern macht die Titan-Turbinenschaufel noch leichter.

SPANNENDE SACHE
Diese Computergrafik zeigt die Spannungen in einer Flugzeug-Strahlturbine beim Abheben. In diesem Augenblick ist sie besonders stark beansprucht, weil sie die zum Aufsteigen nötige Schubkraft erzeugen muss. Die Farben zeigen die Verteilung der Spannung. Konstrukteure können so Triebwerke und ihre Komponenten testen, bevor auch nur ein Stück Metall geschnitten ist. Danach entscheiden sie, welcher Werkstoff sich am besten für eine leichte und dennoch stabile Konstruktion eignet, die auch bei unvorhergesehenen Störungen (z.B. wenn ein Vogel ins Triebwerk gerät) nicht versagt.

QUALITÄT HAT IHREN PREIS
Die Turbinenschaufel aus dem Triebwerk eines Jumbo-Jets ist beim Abheben höchster Beanspruchung ausgesetzt (siehe links). Damit die Schaufeln dabei nicht zerreißen, müssen sie leicht und zugleich fest sein. Dafür ist am besten das teure Titan geeignet.

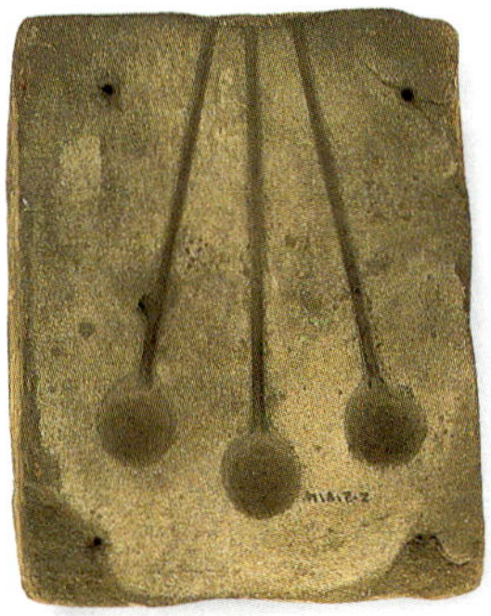

DREI AUF EINMAL
Mit dieser Steinform (um 1000 v.Chr.) konnte man in einem Arbeitsgang drei dekorative Nadeln herstellen. Damals war Bronze das einzige Metall, das man schmelzen konnte.

Verarbeitung von Metallen

Metalle kann man in kaltem oder warmem Zustand, als Feststoff oder als Schmelze formen. Gussverfahren gibt es seit der Entdeckung der Metalle. Die einfachste Methode, mit der man allerdings keine sehr genauen Abmessungen erzielt, ist der Sandguss. Beim teureren Druckgussverfahren wird flüssiges Metall in eine meist mehrteilige Dauerform gepumpt. Druckgussteile haben sehr genaue Abmessungen und werden z.B. in Computern verwendet. Hohlkörper gießt man nach dem traditionellen Wachsausschmelzverfahren oder seiner modernen Entsprechung, dem Investmentverfahren. Man kann Metalle nicht nur in Formen gießen, sondern auch zwischen Walzen zu Platten oder Blechen pressen oder durch eine Reihe von immer engeren Löchern zu Draht ausziehen.

In einer bayerischen Glockengießerei

GLOCKENGUSS
Kirchenglocken werden in einem Stück gegossen. Zuerst wird ein Wachsmodell auf einem Kern aus Ziegelsteinen und Lehm geformt. Auf das Wachs kommt eine weitere Lehmschicht. Danach schmilzt man das Wachs aus und gießt flüssige Glockenbronze in die Hohlform. Nach dem Abkühlen wird der Klang der Glocke geprüft.

Das Wachsmodell wird in ein Lehmbad getaucht.

INVESTMENTGUSS
Als Investmentguss bezeichnet man die industrielle Anwendung der alten Technik des Wachsausschmelzens. Die benötigte Form wird aus Wachs in einer Metallform gegossen und von Hand nachbearbeitet. Anschließend wird das Wachsmodell in ein Lehmbad getaucht (S. 8). Wenn der Lehm getrocknet ist, schmilzt man das Wachs durch Erhitzen aus. Auf diese Weise werden z.B. Muffen zur Verbindung von Rohren in großen Stückzahlen hergestellt.

IN SAND GEGOSSEN
Wie bei einer Sandburg nutzt man beim Sandguss den Umstand, dass sich feuchter Sand gut formen lässt. Da Sand einen weitaus höheren Schmelzpunkt hat als jedes Metall, eignet er sich ausgezeichnet für Gussformen. Man gießt die Metallschmelze in den feuchten Abdruck, lässt das Metall abkühlen und bürstet dann einfach den Sand von dem fertigen Gussteil ab.

1 DIE SANDFORM
Die zwei Hälften eines Holzmodells werden in feuchten Sand gedrückt und hinterlassen dort einen genauen Abdruck. Sandformen sind Einmalformen, sie werden beim Herstellen des Gussteils zerstört. Das Holzmodell dagegen kann immer wieder verwendet werden. Mit einer Schablone drückt man Kanäle in den Sand, durch die die Metallschmelze eingefüllt wird und die Luft aus der Form entweichen kann.

Kupferdraht für Elektrokabel

WARMWALZEN

Rot glühender Stahl ist so weich, dass er sich zu vielfältigen Formen verarbeiten lässt. Früher stellte der Dorfschmied so Hufeisen und Eisenwaren aller Art her. Heute werden in Walzwerken im großen Maßstab massive Stahlstangen zu I-Trägern („Peiner") geformt, die man im Bauwesen überall da einsetzt, wo große Spannweiten überbrückt werden müssen (S. 53). Der Stahl passiert auf einer Walzstraße mehrere Walzenpaare und erhält Schritt für Schritt die gewünschte Form. Das letzte Walzenpaar prägt dem schon etwas abgekühlten Walzgut meist noch den Namen des Herstellers ein. Auf die gleiche Weise werden Eisenbahnschienen hergestellt.

IN LEITENDER FUNKTION

In Metallen sind die in allen Atomen enthaltenen elektrisch geladenen Elektronen frei beweglich. Deshalb können Metalle elektrischen Strom mit minimalem Energieverlust über große Entfernungen transportieren. Die für die Stromversorgung verwendeten Kupferdrähte werden hergestellt, indem man Kupferstreifen durch eine Reihe immer kleinerer Bohrungen in einem Hartmetallblock zieht, bis der Draht den erforderlichen Durchmesser hat.

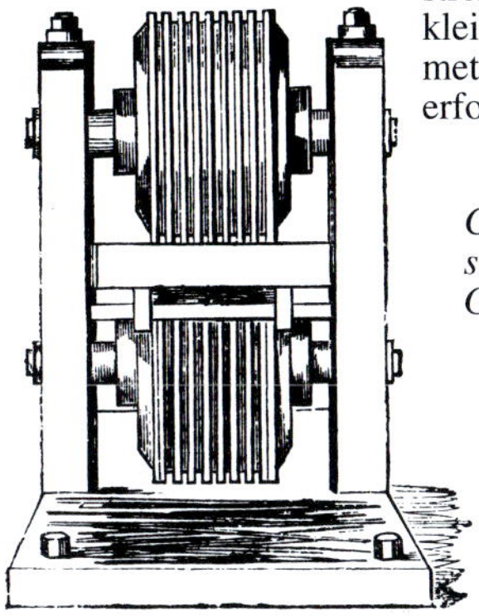

DÜNN, DÜNNER …

Mit solchen Maschinen schnitt man im 19. Jh. Eisenblech in schmale Streifen, deren Durchmesser man anschließend in mehreren Ziehstufen so weit reduzierte, dass sie z.B. als Telegrafendrähte eingesetzt werden konnten.

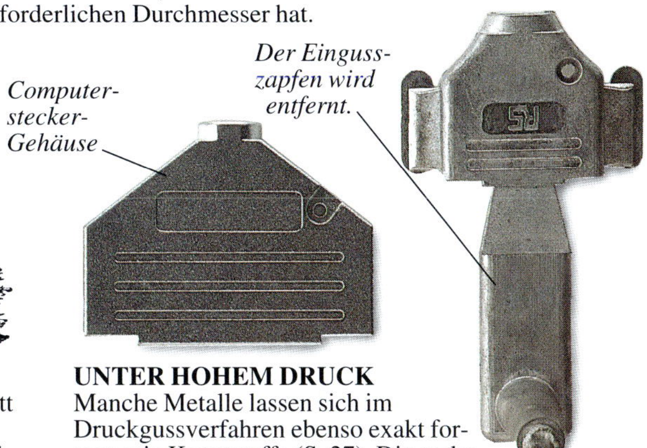

UNTER HOHEM DRUCK

Manche Metalle lassen sich im Druckgussverfahren ebenso exakt formen wie Kunststoffe (S. 27). Die mehrteilige Stahlform wird mit hohem Druck zusammengepresst, gleichzeitig wird eine bestimmte Menge Metallschmelze hineingepumpt. Ist das Metall erstarrt, entnimmt man der Form das Gussstück, das – nach geringfügiger Nachbearbeitung – z.B. als Gehäuse für Computerstecker dient.

KALTWALZEN

Viele Produkte, denen wir im Alltag begegnen, sind aus Dünnblech hergestellt. Etwa 5 mm dicke und 1 m breite Stahl- oder Aluminiumplatten laufen in kaltem Zustand durch eine Reihe von Walzen, die jeweils mehrere Tonnen wiegen. Sie bringen das Metall auf eine Enddicke von nur 0,15 mm. Mit dem Kaltwalzverfahren erreicht man genauere Abmessungen und glattere Oberflächen als beim Warmwalzen. Das immer dünner werdende Blech durchläuft die Walzstraße mit einer Geschwindigkeit von bis zu 90 km/h.

2 METALL WIRD EINGEFÜLLT

Wenn man die Holzmodelle entnommen hat, schraubt man die beiden Formhälften zusammen und gießt durch eine Öffnung (Eingusskanal) Metallschmelze in die Form. Dabei entweicht durch einen zweiten Kanal die Luft. Man füllt etwas mehr Metall ein als nötig, da Metalle sich beim Abkühlen zusammenziehen. In Gießereien ist dieses Verfahren automatisiert.

3 DAS PRODUKT

Nun sind die zwei identischen Gussteile – hier wurde als Beispiel ein dekoratives Eulenpaar gewählt – fertig. Damit das Eisen nicht rostet, wurden die Eulen mit schwarzem Glanzlack überzogen.

Die richtige Verbindung

Technische Erzeugnisse bestehen aus Einzelteilen, die auf unterschiedliche Weise hergestellt werden oder unterschiedliche Funktionen erfüllen. Oft ist das Produkt auch zu groß oder zu kompliziert, um auf andere Weise hergestellt zu werden (z.B. eine Brücke oder eine Taschenuhr). Die Verbindungen orientieren sich an der Funktion der Bauteile. Sie können durchbohrt und mit Nieten, Schrauben oder Fäden verbunden werden, oder man formt die Teile bereits bei der Herstellung so, dass sie ineinander passen und bei der Montage einrasten. Solche Verbindungen bezeichnet man als lösbar. Daneben gibt es nichtlösbare Verbindungen, wie z.B. das Kleben, Löten oder Schweißen. Nägel sind den lösbaren Verbindungen zugeordnet, haben aber eine Sonderstellung: Sie sitzen zwar aufgrund der Reibung fest im Holz, können aber mit einer Zange wieder entfernt werden.

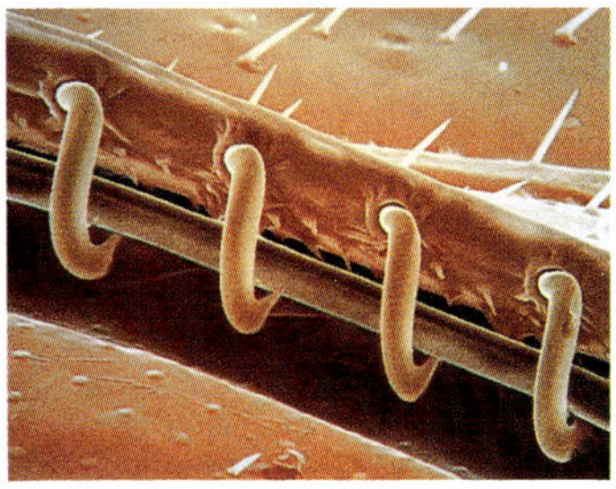

NATÜRLICHE VERBINDUNG
Ein Bienenflügel besteht aus zwei Teilflügeln. Winzige Häkchen am Vorderflügel schließen sich um einen „Riegel“ am Hinterflügel und bilden so eine größere Tragfläche. Beim Landen wird die Verbindung durch einen schnellen Ruck gelöst, sodass die Biene die Flügel anlegen kann.

Gestanzte Nägel für Bauzwecke (19. Jh.)

EINFACH, ABER WIRKSAM
Wenn man einen Nagel in Holz schlägt, bahnt er sich seinen Weg zwischen den Fasern und wird durch Reibung festgehalten. Diese Nägel (19. Jh.) sind aus einfachem Blech gestanzt.

Stift

Runder Zimmermannsnagel

Teppich- oder Polsternagel

Senkkopfnagel (für Bodendielen)

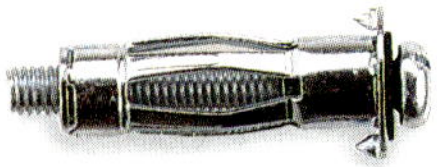

Hohlraumbefestigung (für Hohldecken)

Senkkopf-Holzschraube

Pappnagel (für Dachpappe)

Heftklammer

Senkniet

Rundkopfniet

Mutter

Unterlegscheiben

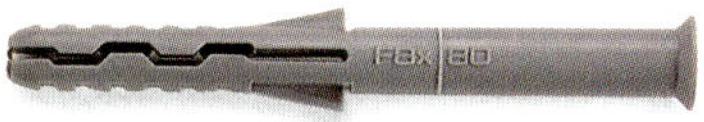

Wanddübel (hält Schrauben in Wänden)

Verzinkte Maschinenschraube

VERBINDUNGSELEMENTE
Nagelverbindungen beruhen auf Reibung. Nach diesem Prinzip funktionieren auch Wanddübel und Hohlraumbefestigungen mit Schrauben. Damit Schrauben und Muttern sich nicht lockern, ist ebenfalls Reibung nötig. Verwendet man sie an Stellen, die Schwingungen ausgesetzt sind, muss man sie mit Unterlegscheiben sichern. Nietverbindungen sind sehr dauerhaft, allerdings kaum zu lösen: Ein Bolzen wird durch die beiden zu verbindenden Teile gesteckt und durch Druck oder Schlag breit geklopft.

Verchromte Holzschraube

Lackierte Holzschraube

Messing-Holzschraube

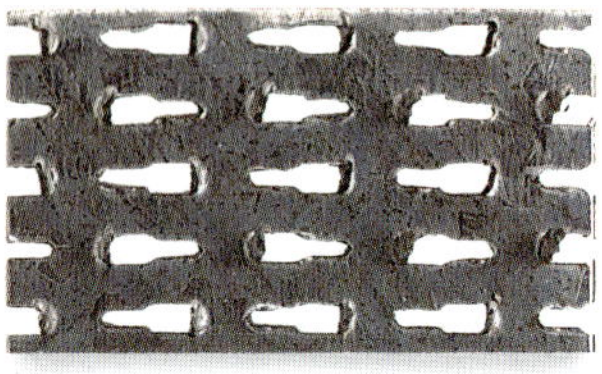

Nagelplatte (zum Verbinden von Holzteilen)

Spannwinkel

Eckverbindungen

SCHWALBENSCHWANZ
Die größte Festigkeit hat Holz im Naturzustand (also im Baum). Jeder Schnitt schwächt es. Deshalb ist es wichtig, dass der Tischler bei der Verarbeitung den Faserverlauf beachtet und die Teile solide verbindet, z.B. mit einer Schwalbenschwanzverbindung (links). Holzverbindungen werden meist mit Tischlerleim gesichert.

Schublade aus Buchenholz

Ineinander greifende Zapfen

Vorderseite aus Kirschbaum

Tierischer Holzleim

Epoxidkleber

KLEBSTOFFE
Natürliche Klebstoffe werden von Mikroorganismen angegriffen. Dauerhafter sind moderne Klebemittel aus Epoxidharzen, die auf Erdölbasis hergestellt werden. Beim Härten läuft in ihnen eine chemische Reaktion ab.

STRAPAZIERFÄHIG
An Stellen, die hoher Belastung ausgesetzt sind (besonders Ecken), ist die Gefahr groß, dass die Nähte eines Kleidungsstücks reißen. Bei Jeans verstärkt man deshalb die Ecken der Hosentaschen häufig mit Nieten.

BREIT GESCHLAGENER NAGEL

Der Niet, ein Bolzen mit verdicktem Ende, wird durch ein Loch in den zu verbindenden Teilen geführt und das freie, nicht verdickte Ende durch Schlag oder Druck in die Breite verformt. So ist auch die Außenhaut von Flugzeugen am Rahmen befestigt (S. 7). Bei nur einseitig zugänglichen Bauteilen arbeitet man mit Blindnieten.

1 VORBEREITUNG

Beim Blindniet ist ein Dorn durch einen hülsenförmigen Niet gesteckt. Man legt ihn in den Kopf eines besonderen Werkzeugs ein und steckt ihn durch das vorgebohrte Loch. Drückt man das scherenförmige Werkzeug zusammen, wird der über eine lange Strecke wirkende leichte Druck in eine starke Zugkraft auf den Dorn umgesetzt.

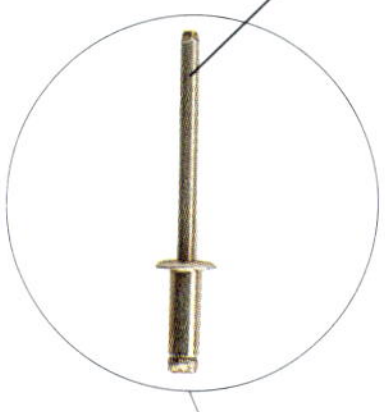

Dorn im hülsenförmigen Niet

Druck auf das Hebelgestänge verursacht starken Zug am Dorn.

Der Niet wird in die Bohrung eingeführt.

2 DURCHFÜHRUNG

Wenn man das Hebelgestänge nach unten drückt, wird die Hülse durch den starken Zug am Dorn von dessen abgeflachtem Ende gestaucht und zum Schließkopf ausgeformt. Schließlich reißt der Dorn an einer Sollbruchstelle ab und die Nietverbindung ist fertig.

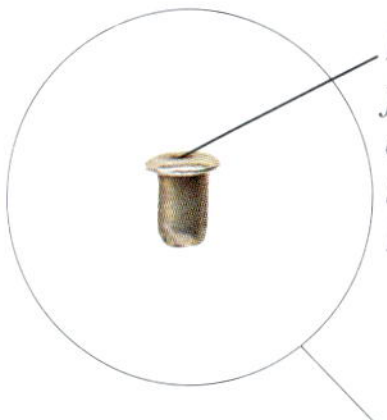

Das abgeflachte Ende des Dorns staucht die Hülse.

Das Gestänge ist ganz nach unten gedrückt.

3 FERTIGE VERBINDUNG

Eine Verbindung mit Blindniet sieht sauber aus und ist sehr haltbar. Allerdings bleibt der abgebrochene Teil des Dorns innen.

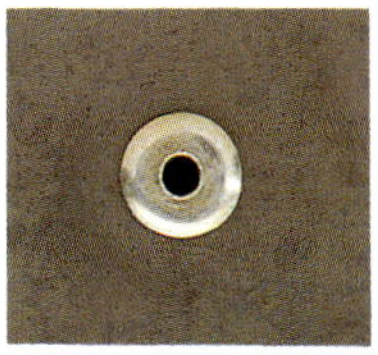

Blindniet von außen

SCHUTZKLEIDUNG

Beim Gasschweißen entstehen Temperaturen bis 3000 °C. Zum Schutz gegen die Hitze und den Funkenflug trugen die Schweißer früher von Kopf bis Fuß flammensichere Kleidung. Beim heute üblichen elektrischen Lichtbogenschweißen ist nur eine Gesichtsmaske erforderlich.

WIG-Schweißverbindung

FAHRRAD

Fahrradrahmen werden im Wolfram-Inertgas-Verfahren zusammengeschweißt.

SCHWEISSEN

Beim Schmelzschweißen werden die Werkstücke mit einer Gasflamme oder mit elektrischem Strom an der Verbindungsstelle geschmolzen und so miteinander verbunden. Oft füllt man die Schweißfuge mit einem gleichartigen Zusatzwerkstoff. Manche Metalle bilden mit Luftsauerstoff eine feste Oberflächenschicht, die das Verbinden der Teile verhindert. Beim Metall-Inertgas- (MIG) und beim Wolfram-Inertgas-Verfahren (WIG) wird das Metall daher in einer sauerstofffreien Schutzgasatmosphäre geschweißt.

Gesichtsmaske

Der Lichtbogen schmilzt den Werkstoff.

Strom- und Gaszufuhr

Zug und Druck

Materialien haben nur dann einen Nutzen, wenn sie Kräften widerstehen können. Stellt man ein Gewicht auf einen Ziegelstein, übt es eine zur Erde gerichtete Kraft aus. Die Erde wiederum drückt mit gleicher Kraft zurück, sodass das Gewicht sich nicht bewegt. Ohne die Fähigkeit, Zug- und Druckkräften standzuhalten, würden selbst nichtmechanische Gegenstände wie Radiogeräte ihre Funktion einstellen, weil die Einzelteile wahllos durcheinander lägen und keine elektrischen Kontakte zwischen den Bauteilen bestünden. Beanspruchung durch Zug oder Druck verursacht Spannungen im Material. Die Atome verlassen ihre ursprünglichen Positionen; dadurch entsteht eine Gegenkraft. Zu hohe Beanspruchung zwingt die Atome so weit aus ihren Positionen heraus, dass das Material schließlich bricht. Ein Bauteil muss daher so konstruiert sein, dass die an ihm auftretenden Zug- und Druckkräfte es nicht zerstören.

„TAUDRÜCKEN"?
Wenn man an einem Seil zieht, spannt es sich und wirkt dem Zug entgegen. Auf Druck ist es dagegen nicht belastbar.

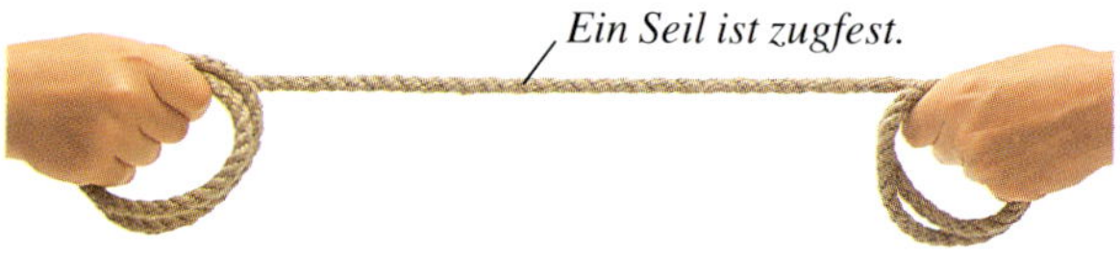

TAUZIEHEN!
Seile, Ketten und Drähte halten Zugkräften stand. Drahtseile verwendet man z.B. beim Bau von Hängebrücken (S. 22). Wenn man annimmt, dass auf eine bestimmte Stelle Zugkräfte wirken, und ein Seil zu deren Ausgleich anbringt, dann aber stattdessen Druckkräfte auftreten, kann das Seil keine Gegenkraft liefern und die Konstruktion bricht zusammen.

ZIEGELSTEINE ZIEHEN?
Auch wenn Ziegelsteine durch Zement miteinander verbunden sind, darf man nicht zu sehr an ihnen ziehen: Der Stapel fällt leicht auseinander. Aber auch die einzelnen Ziegelsteine brechen unter Zugbelastung, ebenso Beton oder ähnliche Werkstoffe.

ZIEGELSTEINE DRÜCKEN!
Drückt man Ziegelsteine gegeneinander, drücken sie mit gleicher Kraft zurück. Ähnlich ist es bei Wänden: Der Druck von Fußböden, Decken und Dach hält sie als stabile Einheit zusammen. Der Zement im Mauerwerk sorgt lediglich für die gleichmäßige Verteilung der Last.

ZUGVERSUCH
Alle bekannten Werkstoffe hat man auf Festigkeit geprüft und die Ergebnisse in Tabellen zusammengefasst. Werden neue Materialien hergestellt, muss deren Festigkeit ermittelt werden. Insbesondere bei Großprojekten ist es wichtig, dass alle Werkstoffe den Anforderungen entsprechen. Mit dieser Vorrichtung (19. Jh.) misst man die Zugfestigkeit einer Zementprobe durch langsames Erhöhen der Zugkraft.

1 SPANNEND …
Der Zement wird mit einer genau bemessenen Menge Wasser vermischt, in eine Form gegossen und muss eine bestimmte Zeit bei einer vorgegebenen Temperatur härten. Um vergleichbare Ergebnisse zu erhalten, verwendet man stets Proben von 8 cm Länge und 2,5 cm Durchmesser in der Mitte. Wenn die Probe in die Maschine eingespannt ist, lässt man so lange Bleischrot in das Gefäß fallen, bis die Probe reißt.

EINFACHE KONSTRUKTION

Ein über zwei Steinblöcke gelegtes Holzbrett ist ein Träger. Stellt man ein Gewicht darauf, biegt es sich unter der Last. Dabei dehnt sich die Unterseite des Bretts, und es entsteht eine nach oben wirkende Gegenkraft. Auch Stahlträger biegen sich durch, wenn auch weniger als Holz. Stein bricht dagegen schon bei leichter Biegung und ist daher für Träger weniger gut geeignet.

ELEGANT UND STABIL

Ein Bogen ist ideal geeignet, um eine Strecke mit einem Material von geringer Zugfestigkeit zu überbrücken, z.B. mit Stein. Aufgrund der gewölbten Form verteilen sich die nach unten wirkenden Kräfte gleichmäßig auf den gesamten Bogen, sodass jeder Stein, auch der Zentralstein oben in der Mitte, die gleiche Last trägt.

MIT DEM RAD UNTERWEGS

Radfahren erfordert weniger Energieaufwand als jede andere Fortbewegungsart. Die Rahmenkonstruktion des Fahrrads aus Hohlröhren ist belastbarer als massive Stangen gleichen Gewichts. Tritt man die Pedale, erfolgt ein Zug an der Kette. Dadurch dreht sich das Hinterrad, das die Kraft auf den Boden überträgt. Niedrige Gänge (S. 32–33) reduzieren die Geschwindigkeit und erleichtern beim Bergauffahren das Treten „gegen die Schwerkraft“.

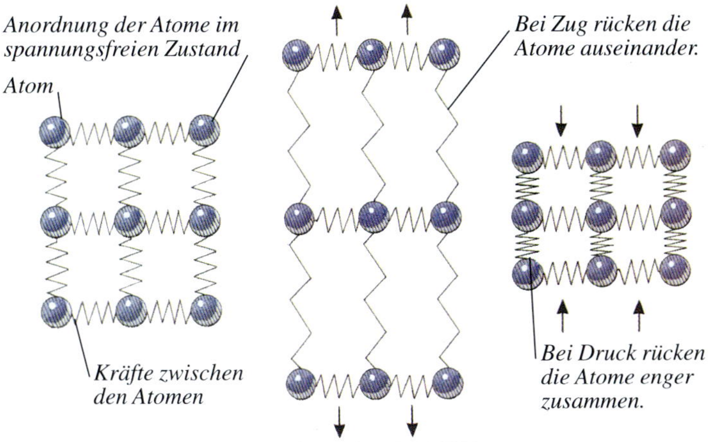

GUT GEFEDERT

Feststoffe sind formstabil, weil ihre Atome von starken elektrischen Kräften zusammengehalten werden. Diese stellt man sich am besten als Federn zwischen den Atomen vor. Eine Feder lässt sich dehnen und zusammendrücken. Je stärker die Kraft, die auf die Feder wirkt, desto stärker ist auch die Gegenkraft, mit der sich die Feder widersetzt.

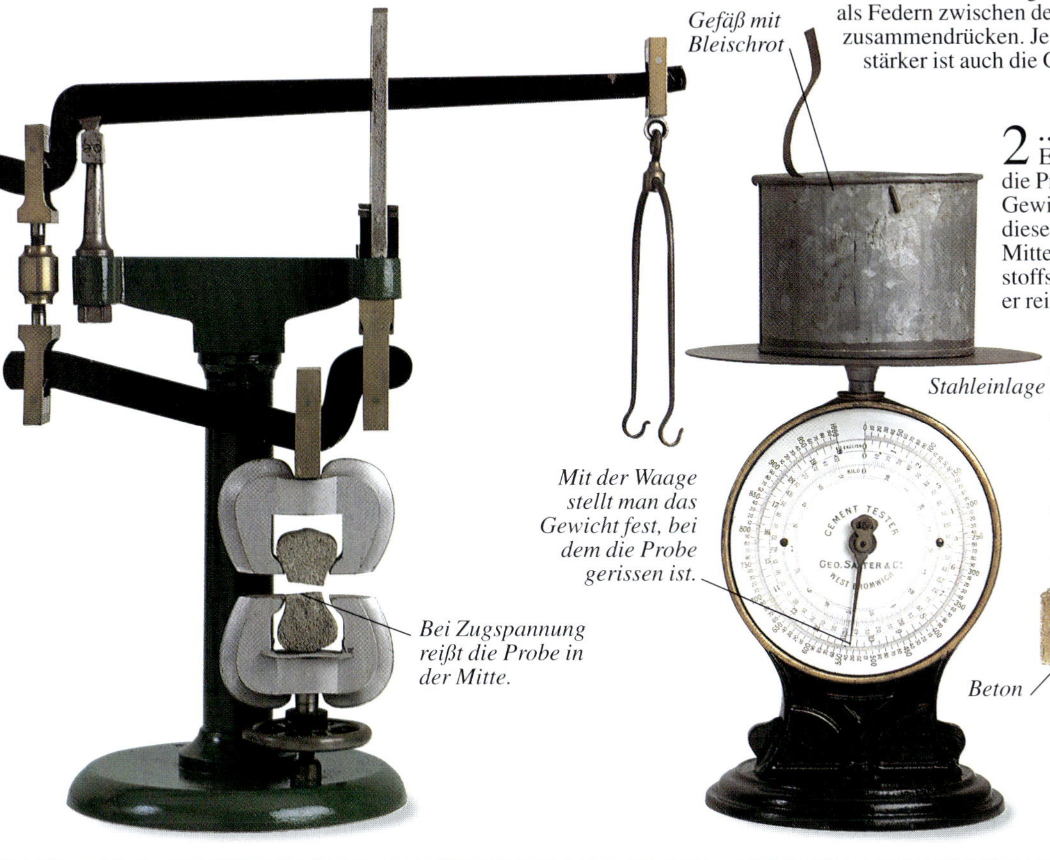

2 … BIS ZULETZT

Es wird so lange Bleischrot zugegeben, bis die Probe reißt. Mit der Waage ermittelt man das Gewicht des angesammelten Bleischrots. Aus diesem und dem Durchmesser der Probe in der Mitte errechnet man die Zugfestigkeit des Werkstoffs. Zement verträgt nur wenig Zugspannung; er reißt bereits bei relativ geringer Belastung.

ZWEI VORTEILE

Beton ist druckfest, aber nur wenig zugfest. Bei Stahl ist es umgekehrt. Beton mit Stahlbewehrung hat eine hohe Zugfestigkeit und kann zugleich Drucklasten aufnehmen. Stahlbeton wird vor allem im Hochbau eingesetzt.

Brücken, Tunnels, Wolkenkratzer

Bauwerke wie Hochhäuser, Talsperren und Brücken stellen allein durch ihre Größe besondere Anforderungen an die Technik. Nur mit umfassendem Wissen über die Eigenschaften der unterschiedlichen Baustoffe und nach detaillierten Berechnungen können Architekten und Ingenieure ihre Stabilität sicherstellen. Darüber hinaus müssen sie der Witterung standhalten und nicht zuletzt spielen auch ästhetische Gesichtspunkte eine Rolle. Den Baumeistern des Altertums standen nur wenige Materialien zur Verfügung und auch Gestaltungsfragen hatten damals keinen so hohen Stellenwert wie heute. Meist orientierte man sich an bereits Vorhandenem und wandelte dies leicht ab. Im Mittelalter entstanden eindrucksvolle Bauten wie die großen Kathedralen Europas. Gemessen am heutigen Stand der Technik waren dies jedoch relativ einfache Konstruktionen. Große Wohn- und Fabrikgebäude mit computergesteuerten Klimaanlagen, hoch entwickelter Aufzugstechnik und vielen Versorgungs- und Kommunikationsleitungen haben heute ein ähnlich kompliziertes Innenleben wie Autos.

IMPOSANTES AQUÄDUKT
Den Pont du Gard mit 275 m Spannweite ließ der römische Feldherr Agrippa (um 63–12 v.Chr.) errichten. In ihm verlief eine Wasserleitung zur französischen Stadt Nîmes. Als Baumaterial diente Stein, die einzige mögliche Bauweise war der Bogen (S. 21). Das Wasser floss im obersten Bogengeschoss, die beiden unteren dienten als Material sparende Stützkonstruktion.

RÖMISCHE BAUKUNST
Das Kolosseum in Rom wurde zwischen 70 und 80 n.Chr. errichtet. Neben Ziegeln und Stein verwendete man bei seinem Bau erstmals Beton in großem Maßstab. Die vielen Bogenkonstruktionen reduzieren das Gewicht des fast 190 m langen Bauwerks.

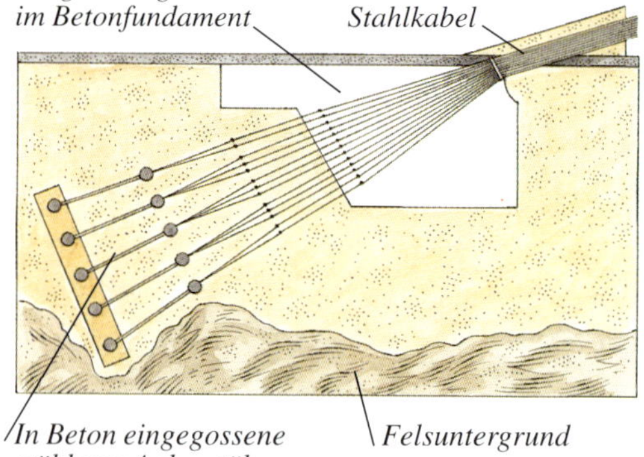

FEST VERKABELT
Die Kabel einer Hängebrücke übertragen die Kraft in Längsrichtung, sodass die Pfeiler die lange Fahrbahn halten können. Sie werden frei über die Spitzen der Pfeiler geführt und an Zugankern in den Felsuntergrund zu beiden Seiten eingelassen. Die Verankerung ist wichtig; sie muss die Last über einen großen Bereich verteilen, damit die Kabel sich nicht lösen.

GRÖSSTE WEITEN
Mit Hängebrücken lassen sich über 2 km lange Strecken überbrücken. Die über Pfeiler geführten zugfesten Stahlkabel nehmen die Last der Fahrbahn auf. Das Prinzip der Hängebrücke nutzte man schon vor Jahrtausenden, um Flüsse und Schluchten zu überbrücken. Damals verwendete man Kabel aus Pflanzenmaterial. Das Original der hier im Modell gezeigten Hängebrücke wurde 1900 zu militärischen Zwecken erbaut und hat wegen der leichten Holzpfeiler nur 60 m Spannweite.

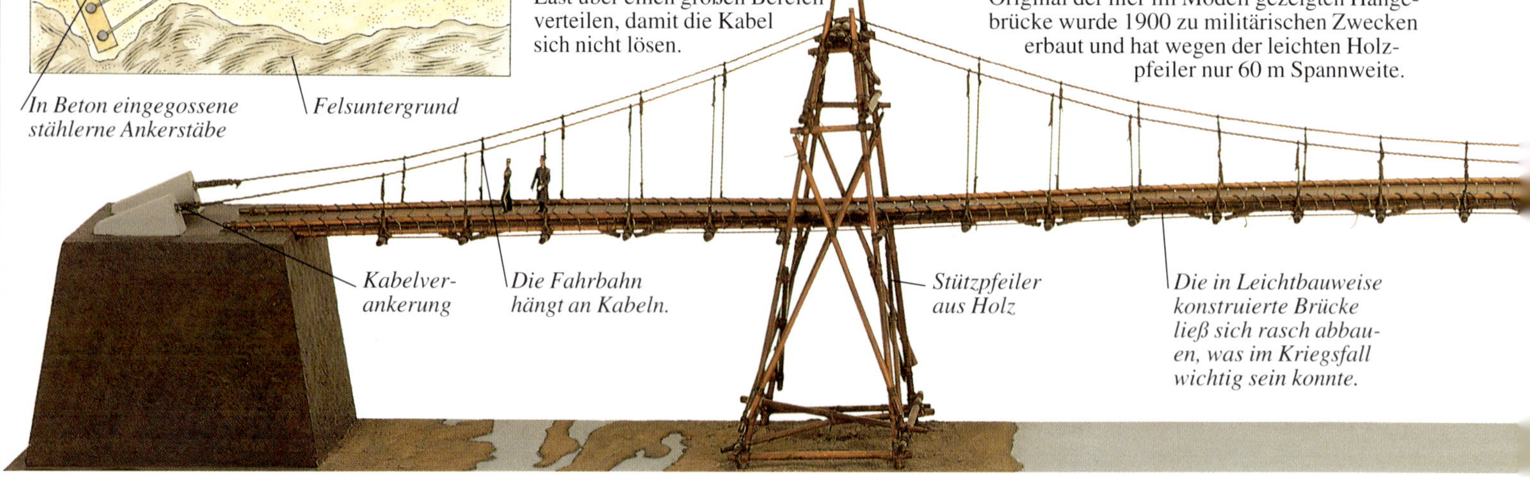

TRIUMPH DER TECHNIK

Die „britische Hälfte" des 50 km langen Tunnels zwischen England und Frankreich wurde von dieser gigantischen Maschine gebohrt. 100 m unter dem Ärmelkanal fraß sich das 250 m lange Monstrum täglich durch 75 m felsigen Untergrund und traf im Juni 1991 in der Mitte auf sein französisches Gegenstück. Dank des Einsatzes von Lasertechnik (S. 58–59) während der gesamten Bauphase konnte das Mammutprojekt in kurzer Zeit und mit höchster Präzision durchgeführt werden.

Tunnelbaumaschine mit technischer Ausrüstung, Computern und Versorgungsleitungen

UNIVERSALGENIE

Der Italiener Michelangelo (1475–1564) war nicht nur Maler und Bildhauer, sondern auch ein begabter Baumeister. Er entwarf die eindrucksvolle Mittelkuppel des Petersdoms in Rom. Auf dem Bild oben zeigt er Papst Paul IV. ein Modell der Kirche.

DIE SKYLINE VON MANHATTAN *oben*

1856 erfand der britische Ingenieur Henry Bessemer (1813–1898) ein billiges Verfahren zur Stahlerzeugung und schuf damit eine Lösung für das Raumproblem in den schnell wachsenden Städten Nordamerikas. Backsteinbauten können wegen der seitlich wirkenden Kräfte des Windes und von Erdbewegungen nicht beliebig hoch sein. Bei Gebäuden mit Stahlskelett ist dies anders. Der erste Wolkenkratzer wurde 1885 in Chicago errichtet. Aufzüge und Telefone, die es damals bereits gab, ermöglichten die sinnvolle Nutzung des großen Gebäudes.

DAS INNERSTE NACH AUSSEN GEKEHRT *links*

Mit dem Centre Pompidou in Paris führte der britische Architekt Richard Rogers (geb. 1933) eine architektonische Neuerung ein: Sämtliche Versorgungsleitungen und Aufzüge sind an der Fassade angebracht, sodass innen mehr Raum zur Verfügung steht. Nach der gleichen Bauweise entwarf Rogers 1986 das Lloyds-Hochhaus in der Londoner City mit seinem eindrucksvollen Innenraum über die gesamte Höhe des Bauwerks. Über dauerhaft installierte Kräne sind alle Gebäudeteile für Reparaturen zugänglich. Als Baumaterial wurde vor allem Beton verwendet, wenngleich die Stahlverkleidung den Bau sehr „metallisch" wirken lässt.

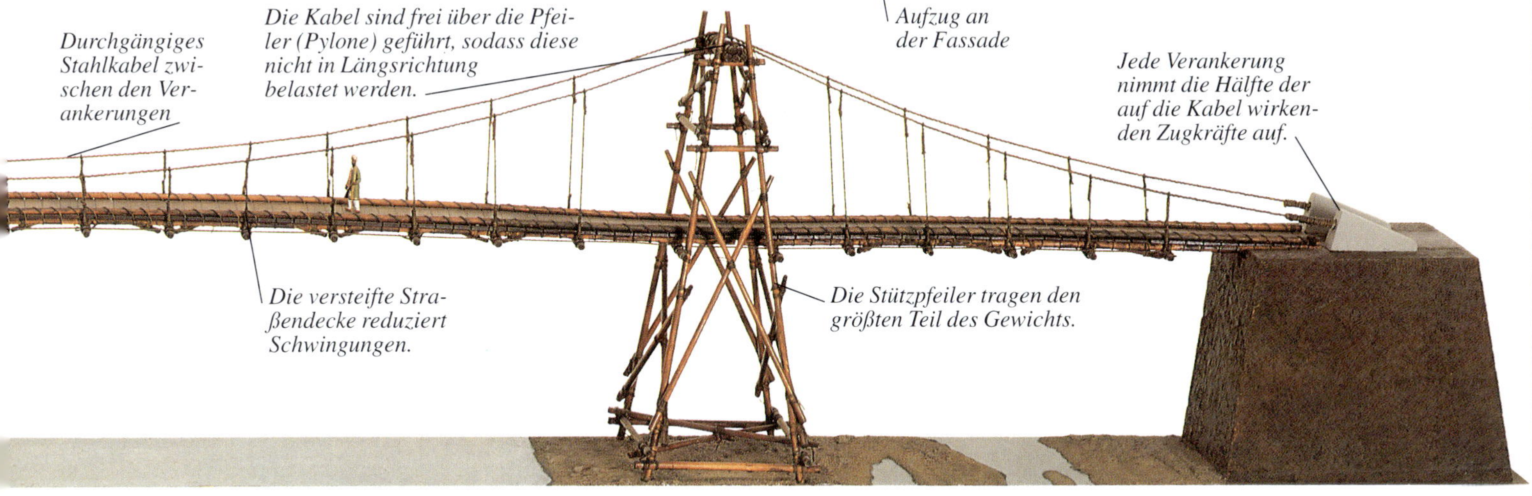

Holz

Holz ist ein natürliches Material, das sich im Laufe der Evolution in Jahrmillionen entwickelt hat. Bei gleichem Gewicht ist es bis zu dreimal so fest wie Stahl. Es gibt hunderte von Holzarten, die sich für unterschiedliche Zwecke eignen: für Bodendielen, Möbel und Papier. Auch wenn die Bedeutung von Holz als Baumaterial zurückgegangen ist, verwendet man es auch im Betonbau noch für Dachstühle und Verschalungen. Holz ist eine Art Verbundmaterial (S. 28–29) aus langen, festen, parallel verlaufenden Zellulosefasern. Diese weiße Substanz, die chemisch mit Zucker verwandt ist, ist Bestandteil aller Pflanzen. In Bäumen wird sie durch Lignin verstärkt, das dem Holz die braune Farbe verleiht. Als organisches Material ist Holz in den Stoffkreislauf der Natur eingebunden. Verrottendes Holz setzt Kohlendioxid frei und liefert damit einen Grundstoff für das Wachstum neuer Bäume.

MIT DER AXT
Holz verarbeitete man schon in der Steinzeit, aber erst durch Äxte mit Metallklingen (S. 12–13) wurde die Holzverarbeitung zum Handwerk. Bis ins 16. Jh. blieb die Axt das wichtigste Werkzeug des Zimmermanns.

ALTHERGEBRACHT
Das Breitbeil ist ein sehr altes Werkzeug. Schon die alten Ägypter bearbeiteten damit Schiffsplanken und Sargbretter und noch heute ist es in manchen Ländern des Nahen Ostens in Gebrauch.

MITTELDING
Das Breitbeil vereinigt Funktionen von Axt und Hobel. Man schlägt es ins Holz und hebt die oberste Schicht ab, indem man es mit dem Faserverlauf führt. Dabei entsteht eine glatte Oberfläche.

FLÖSSEN
In Finnland, Schweden und Kanada gibt es ausgedehnte Nadelwälder, die einen Großteil des weltweiten Bedarfs an Nutzholz decken. Aus Kostengründen transportiert man das Holz auf traditionelle Weise in Form von großen Flößen über die Flüsse zum Meer.

Eiche: Möbel, Parkett

Kiefer: Möbel, Hausbau

Mahagoni: Möbel, Boote

Ramin: Spielzeug, Wand- und Deckenverkleidungen

Balsa: Modellbau, Wärmeisolierung

HOLZARTEN
Als Nutzholz verwendet man meist billige Weichhölzer (Kiefer, Fichte) aus Beständen, die regelmäßig aufgeforstet werden. Da Nadelbäume ihre Nadeln nicht abwerfen, wachsen sie auch in den dunklen Wäldern im kalten Norden rasch heran. Die festeren, teureren Harthölzer gedeihen nur im wärmeren Klima südlicher Länder. Da sie langsam wachsen, ihr Holz jedoch sehr gefragt ist (z.B. Mahagoni), werden sie schneller abgeholzt, als sie nachwachsen. Dadurch sind nicht nur ihre Bestände, sondern ganze Ökosysteme gefährdet.

GLATTE FLÄCHEN
Holz lässt sich mit Handwerkzeugen wie dem Schlichthobel (rechts) bearbeiten. Diesen führt man stets in Richtung des Faserverlaufs, sodass die Fasern getrennt, aber nicht gebrochen werden. Der Winkel der Klinge ist verstellbar. Man wählt ihn so, dass möglichst wenig Kraftaufwand nötig ist. Mit dem Hobel glättet man die vom Sägen raue Oberfläche des Holzes und nimmt kleinere Korrekturen an den Abmessungen vor.

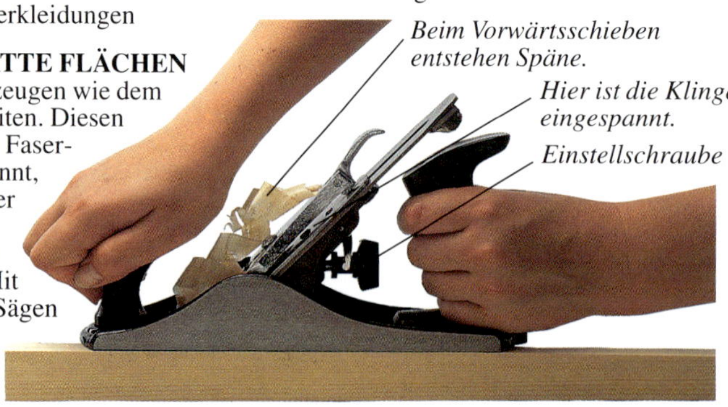

Holzbearbeitung

Die Festigkeit von Holz hängt entscheidend von der Richtung der Belastung ab. Da die Fasern nur schwach zusammenhaften, bricht Holz leicht, wenn man es quer zum Faserverlauf belastet. In Faserrichtung ist Holz zug-, aber nicht sehr druckfest (S. 20–21). Ein Nachteil ist, dass es gegen Nässe empfindlich ist. In feuchter Umgebung quillt es auf und beginnt zu verrotten. All diese Eigenschaften müssen Möbeltischler und Instrumentenbauer beachten, wenn sie formschöne und haltbare Holzgegenstände herstellen wollen, wie z.B. die rechts abgebildete Violine.

WOHLGEFORMTER KÖRPER
Bretter ausgewählter Hölzer (Fichte für die Decke und Ahorn für den Boden) werden Kante an Kante zu größeren Flächen verleimt. Daraus schneidet man mit der Präzisionssäge Decke und Boden.

WIRBELKASTEN
Der Wirbelkasten wird aus Ahornholz geschnitzt und mit Bohrungen für die Stimmwirbel aus Ebenholz versehen.

KLINGENDES HOLZ
Mit dem Hohlmeißel werden die sanft gewölbten Decken- und Bodenteile ausgeformt und mit Zargen zum Resonanzkörper (Korpus) verbunden, der das Klangvolumen des Instruments bestimmt.

Hohlmeißel
Hobel

MINI-WERKZEUGE
Die Oberflächenbearbeitung von Musikinstrumenten erfordert Fingerspitzengefühl. Mit winzigen Hobeln, kaum größer als ein Daumennagel, glättet man die Unebenheiten.

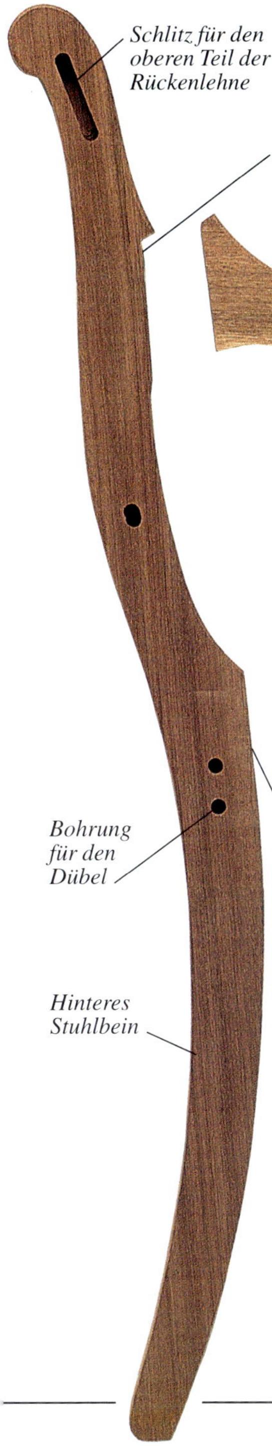

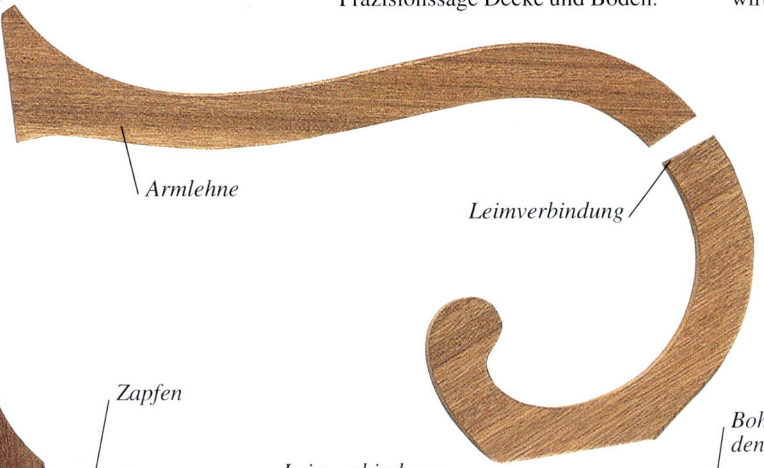

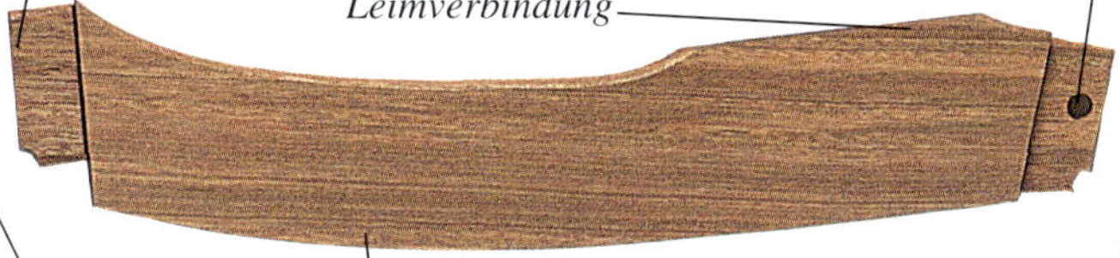

AUS DER GUTEN ALTEN ZEIT
Die großen Kunsttischler des 18./19. Jh.s verstanden es meisterhaft, unauffällige und zugleich stabile Holzverbindungen herzustellen. Heute macht man sich meist weniger Mühe. Die Einzelteile billiger, industriell gefertigter Möbel sind zusammengeleimt oder mit Metallschrauben verbunden. Am Nachbau eines Stuhls aus der Regency-Periode (1811–1820) ist hier das Prinzip der Zapfen-Schlitz-Verbindung gezeigt. Ein Rahmenholz wird mit einer Art Zunge (Zapfen) versehen, die genau in den Schlitz in einem zweiten Rahmenholz passt. Die Verbindungen, auf denen später das größte Gewicht lastet, sind mit Dübeln (zylindrische Holzstücke) gesichert.

EIN MEISTERSTÜCK
Der fertige Stuhl wirkt einfach und elegant. Aufgrund der sorgfältigen Verarbeitung bietet er hohen Sitzkomfort. Die geschwungenen Armstützen bestehen aus zwei Teilen; das sorgt für erhöhte Festigkeit. Die Stuhlbeinc sind mit Dübeln so fest im Rahmen der Sitzfläche verankert, dass keine weiteren Verstrebungen nötig sind.

Kunststoffe

UNTER VERSCHLUSS
Dieses Stück Bernstein war ursprünglich zähflüssiges, klebriges Baumharz. Eine Spinne setzte sich darauf, blieb haften und wurde so der Nachwelt erhalten.

Bevor Mitte des 19. Jahrhunderts Kunststoffe aufkamen, fertigte man Gebrauchsgegenstände ausschließlich aus natürlichen Materialien. Als in den 1930er-Jahren die industrielle Herstellung von Kunststoffen möglich wurde, vergrößerte sich die Palette verfügbarer Werkstoffe enorm. Es gibt Kunststoffe, die transparenter sind als Glas und fester als Stahl. Manche sind hart, andere weich. Sie begegnen uns in Form von Fasern, Folien und Schaumstoffen. Den ersten Kunststoff, Parkesin, stellte um 1855 der britische Chemiker Alexander Parkes (1813–1890) her. Aus seiner Erfindung ging das Zelluloid hervor, aus dem die ersten Kinofilme bestehen. Die Kunststoffe leiteten eine Revolution im Werkstoffbereich ein, die heute unser ganzes Leben beeinflusst.

Das Granulat ist mit Pigmenten gefärbt.

FEST, FLÜSSIG, FEST …
Aus Kunststoffgranulat wird bei Erhitzen eine zähflüssige Masse, die man schnell und einfach in Metallformen gießen und erstarren lassen kann (S. 38). Kunststoffe, die bei Erwärmung weich werden und sich neu formen lassen, bezeichnet man als thermoplastisch.

VERONIKA, DER LENZ IST DA!
An diesem Grammophon (1920er-Jahre) wird deutlich, wie sehr sich Alltagsgegenstände durch die Verwendung von Kunststoffen verändert haben. Das kastenförmige Gehäuse ist aus Holz, die beweglichen Teile und der Schalltrichter sind aus Metall. Auf dem Plattenteller liegt eine Platte aus Schellack, einem natürlichen Harz tierischen Ursprungs, das mit Schieferpulver und Kohlenstoff verstärkt ist. Schellack lässt sich gut pressen, bricht aber leicht, und seine raue Oberfläche bewirkt den typischen kratzigen Klang früher Tonaufzeichnungen.

Schallreflektor

Metallnadel muss nach jedem Abspielen gewechselt werden.

Schellackplatte

Schalltrichter

Behälter mit Ersatznadeln

Mit Lederimitat bezogenes Holzgehäuse

Mit der Kurbel wird der Motor aufgezogen.

LANGSPIELPLATTE
Tonaufzeichnungen gibt es seit 1877, damals noch auf zylindrischen Walzen aus Wachs. Flache Platten erfand 1887 der deutsche Ingenieur Emil Berliner (1851–1929). Anfangs waren sie aus Zink, später aus Schellack. Ab den 1940er-Jahren wurde Polyvinylchlorid (PVC) verwendet, in das sich feinere Rillen pressen lassen.

COMPACT-DISC
Seitdem 1982 die ersten Compact-Discs auf den Markt kamen, haben sie die Schallplatte innerhalb von zehn Jahren fast völlig verdrängt. CDs werden im Spritzgussverfahren (S. 38) aus Polykarbonat hergestellt, einem widerstandsfähigen, glasklaren Kunststoff. Die Schallinformation ist in kodierter Form in unzähligen winzigen Vertiefungen (Pits) gespeichert, die der Scheibe mit Lasern eingeprägt werden.

Hart und weich

Kunststoffe nennt man auch Polymere (griech.: *poly* = viele, *mer* = Teil), weil ihre langen Moleküle aus vielen kleinen, gleichartigen Molekülen bestehen. Neben den thermoplastischen Kunststoffen, die bei Erwärmung weich und formbar werden, gibt es duroplastische Kunststoffe, die bei Wärmezufuhr dauerhaft erhärten. Das erste Material dieser Art, Bakelit, erfand 1907 der belgische Chemiker Leo Baekeland (1863–1944).

PLASTIKTASCHEN
Durch Einblasen von Luft in flüssige Kunststoffmasse entsteht eine endlose Kunststoffröhre. Diese wird bedruckt, zerschnitten und zu Tragetaschen geformt.

Augen aus Polyacryl

Füllung aus Polyesterfasern

Pelz aus Polyacrylfaser

Pfote aus Nylonsamt

EIN FREUND AUS KUNSTSTOFF
Der weiche Pelz des Teddys ist aus Polyacrylfaser. Er wird hergestellt, indem man den Kunststoff durch winzige Öffnungen zu Fasern auszieht und auf ein Grundgewebe aufbringt. Zu Platten gepresstes Polyacryl ist hart und transparent und damit bestens für Flugzeugfenster geeignet. Ausgestopft ist der Teddy mit Fasern aus Polyester, einem Kunststoff, den man auch zu Flaschen und Seilen verarbeitet.

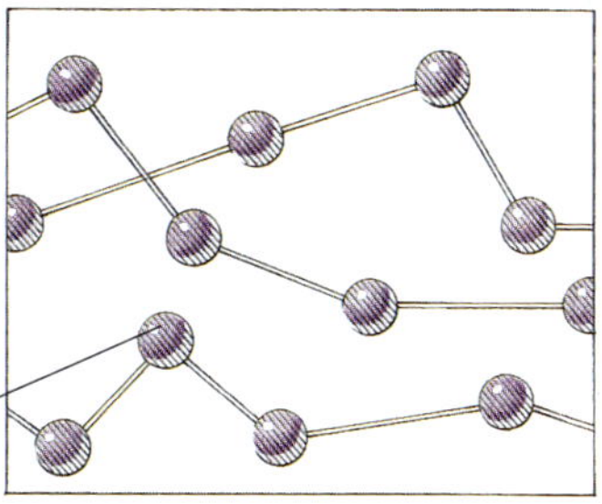

Moleküle gleiten aneinander vorbei.

THERMOPLASTISCHE KUNSTSTOFFE
Den Molekülen eines festen thermoplastischen Kunststoffs wird durch Erhitzen Energie zugeführt. Dadurch werden sie beweglich und bilden eine zähe Flüssigkeit.

Film aus Zellulosetriazetat

KOMM INS KINO!
Zelluloid war das erste Material, das für die Herstellung von Filmen geeignet war. Da es jedoch leicht entzündlich ist, verwendet man heute nichtbrennbares Zellulosetriazetat.

Griff aus Metall

Bakelit ist stets dunkel.

Warmhaltekanne (1920er-Jahre)

EIN FRÜHER KUNSTSTOFF
Bakelit war wegen seiner dunklen Farbe nur begrenzt verwendbar. Duroplastische Kunststoffe formt man, indem man eine Harzmasse in eine erhitzte Form drückt.

Der Anguss ist ein Abdruck des Einspritzkanals.

Rahmen und Aufsatz einer Steckdose (in einem Guss hergestellt)

FORMGEBUNG
Thermoplastische Kunststoffe werden meist im Spritzgussverfahren (S. 38) geformt. Dabei wird flüssiger Kunststoff in gekühlte Stahlformen eingespritzt. Oft nutzt man die Möglichkeit, so zusammengehörige Komponenten in einem Guss herzustellen.

FÜRS BABY
Elastomere sind Kunststoffe aus langen, dehnbaren Molekülen. Kautschuk ist ein natürliches Elastomer. Ungeronnenen Naturkautschuk bezeichnet man als Latex. Man fertigt daraus Gummihandschuhe und Sauger für Nuckelflaschen.

Moleküle werden vernetzt.

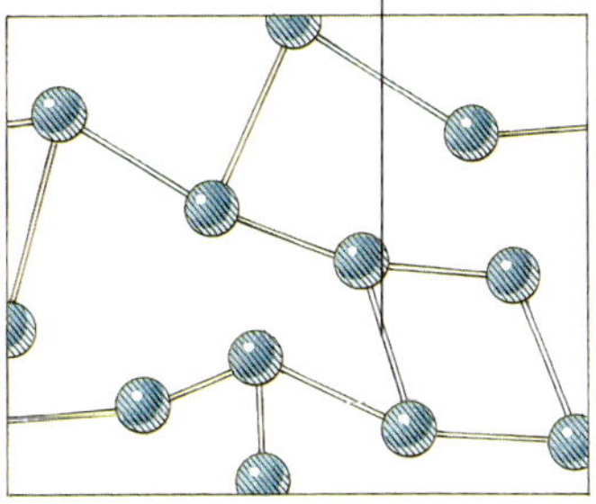

DUROPLASTISCHE KUNSTSTOFFE
Duroplastische Kunststoffe härten bei Erwärmung aus. Dabei absorbieren ihre Moleküle Energie und bilden eine dauerhafte starre Struktur. Epoxidharzkleber, die man zum Kleben von Metall verwendet (S. 18), härten auf ähnliche Weise bei Raumtemperatur.

PLASTIKSTRASSE
Polystyrolschaum gab es erstmals in den 1950er-Jahren. Er wird anstelle von Schotter als Bettungsmaterial im Straßenbau verwendet. Die leichten Platten lassen sich schnell und kostengünstig verlegen.

Verbundwerkstoffe

MODERNE RÜSTUNG
Der UN-Soldat auf dem Bild trägt eine kugelsichere Weste. Obwohl sie nur aus dünnen Kunststoffschichten besteht, nimmt sie die Energie eines auftreffenden Geschosses auf, sodass der Soldat unverletzt bleibt.

Verbund- oder Kompositwerkstoffe bestehen aus zwei Komponenten, die man so wählt, dass der Werkstoff die günstigen Eigenschaften jeder Komponente besitzt. Auf diese Weise entstehen neue Werkstoffe, die die kostengünstige Herstellung von Produkten mit verbesserten Eigenschaften ermöglichen. Verbundwerkstoffe bestehen oft aus zwei Materialien mit gegensätzlichen Eigenschaften. Bei Faserverbundwerkstoffen ist eine Komponente eine Faser mit guter Zug-, aber geringer Druckfestigkeit (S. 20–21). Als zweite Komponente wählt man ein Material, das die Fasern verklebt. Oft ist dieses zweite Material, auch Matrix genannt, von geringer Festigkeit oder spröde. Tritt in einem solchen Verbundwerkstoff ein Riss auf, wird er beim Auftreffen auf eine Faser seitwärts abgelenkt. Dadurch verringert sich die Spannung, die der Riss verursacht, und er setzt sich nicht weiter fort.

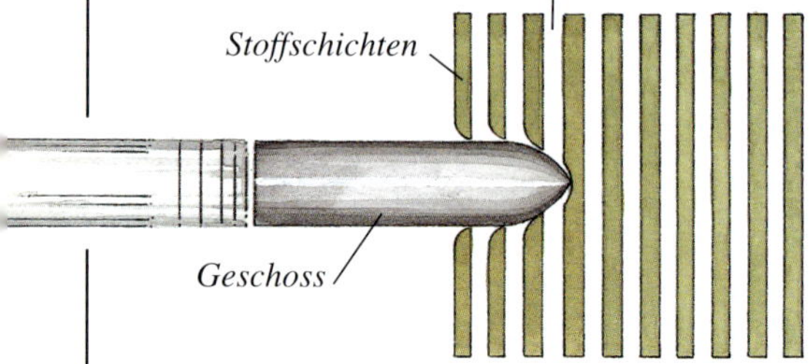

BREMSWIRKUNG
Wenn ein Geschoss auf locker verbundene dünne Kunststoffschichten trifft, trennt es die Schichten voneinander. Hierbei wird Energie verbraucht, sodass die Kugel an Durchschlagskraft verliert. Den gleichen Effekt haben in Verbundwerkstoffen die winzigen Fasern.

FLECHTWERK
Naturfasern im Verbund mit Lehm oder Gips boten unseren Vorfahren Obdach. Ein Beispiel ist der Flechtwerkbau mit Lehmverkleidung. Jede Komponente hat Eigenschaften, die die Schwäche der anderen ausgleichen.

DER WEISSE SPORT
Ein Tennisschläger muss leicht und steif sein. Wenn er zu weich ist, kann er den Ball nicht beschleunigen. Ist er schwer, verlangsamt er die Reaktion des Spielers. Früher bestanden die Schläger aus mehreren Lagen Holz, die unter Dampfeinwirkung gebogen und verklebt wurden. Die Schläger waren zwar steif, aber sehr schwer.

UNSCHLAGBAR
Kohlefasern entstehen bei der thermischen Zersetzung von Zellulose. Zusammen mit Nylon ergeben sie einen hochfesten Kunststoff, aus dem man z.B. Sportartikel fertigt. Der Rahmen des Schlägers links ist aus Kunststoff, der auf einen Metallkern gegossen wurde.

MEHR SICHERHEIT

Verbundglas besteht aus einer Schicht widerstandsfähigen Kunststoffs zwischen zwei Glasschichten. Das Glas schützt den Kunststoff gegen Verkratzen, der Kunststoff wiederum verhindert, dass das Glas bei Beschädigung splittert. Im Flugzeugbau verwendet man Acrylglas (S. 27), das leichter ist als herkömmliches Glas.

Pilotenkanzel eines Kampfflugzeugs aus kugelsicherem Glas

FLIESSENDE FORMEN

Dieser Stuhl (1960er-Jahre) ist aus einem Verbundwerkstoff, den man als Glasfaser bezeichnet, obgleich feine Glasfasern nur eine seiner Komponenten bilden. Die Fasern sind zug-, aber nicht druckfest und deshalb in Kunststoff eingebettet, der die erforderliche Druckfestigkeit aufweist und eine glatte, glänzende Oberfläche ergibt. Der Kunststoff allein ist nicht besonders fest, doch zusammen mit den Fasern entsteht ein Werkstoff, aus dem sich strapazierfähige, formstabile Gegenstände herstellen lassen und der einfach zu verarbeiten ist.

Glänzende Oberfläche ohne Fasern

Schaumkern

Wabenbauweise reduziert das Gewicht.

Mehrlagiger Kunststoff

HOCH IN DEN LÜFTEN

Das abgebildete Hubschrauber-Rotorblatt enthält sowohl Glas- als auch Kohlefasern. Der stark belastete äußere Teil ist massiv, innen helfen Wabenstrukturen und geschäumter Kunststoff Gewicht sparen. Mit Verbundwerkstoffen umgeht man das Problem der Metallermüdung, bei der das Metall durch das ständige Hin- und Herbiegen beim Fliegen geschwächt wird und schließlich bricht.

Handgriffe

Auflage für die Unterarme

Schmale Reifen reduzieren den Rollwiderstand.

Große Zwischenräume reduzieren den Luftwiderstand bei Schrägstellung.

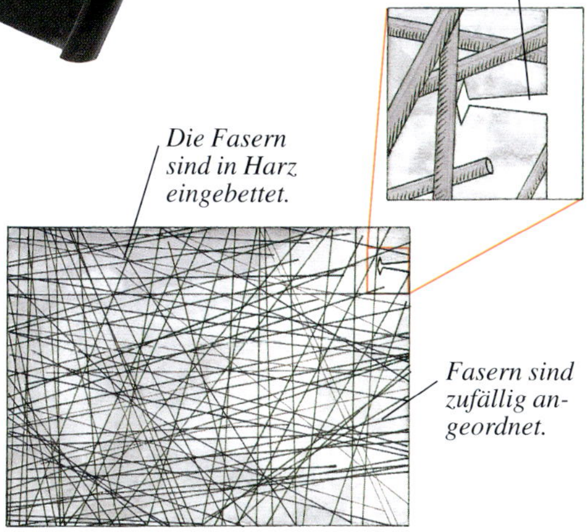

Beginnender Riss

Die Fasern sind in Harz eingebettet.

Fasern sind zufällig angeordnet.

IM VERBUND MIT FASERN

Fasern sind von enormer Festigkeit, müssen jedoch in eine andere Substanz eingebettet sein, damit man einen brauchbaren Werkstoff erhält. Meist wird das Fasergeflecht durch eine Kunststoffmasse stabilisiert. Ein beginnender Riss im Verbundwerkstoff wird beim Auftreffen auf eine Faser gestoppt.

AUF DEM WEG ZUM ERFOLG

Auf dem links abgebildeten Rad gewann der britische Radsportler Chris Boardman bei den Olympischen Spielen 1992 die Goldmedaille im Verfolgungsrennen über 4000 m. Der hier verwendete kohlefaserverstärkte Verbundwerkstoff macht das Rad steifer, leichter und aerodynamischer. Räder, Pedale und Sattel lassen sich an dem in einem Stück gefertigten Rahmen leichter befestigen als an normalen Fahrradrahmen. Das für Rennzwecke hergestellte Gefährt hat weder Bremsen noch Gangschaltung. Durch eine gebeugte Haltung bietet der Fahrer dem Wind die kleinstmögliche Angriffsfläche.

Maß für Maß

Alle Samen etwa gleich schwer

Samenschote

SAMEN-TEST
Beim Wiegen von Gold verwendete mancher Kaufmann früher die Samen des Johannisbrotbaums als Gewichte („Karat"). Ihr Gewicht lässt sich ohne sichtbare Spuren nicht manipulieren.

Die vielen Einzelteile eines Autos werden in verschiedenen Ländern hergestellt. Damit bei der Endmontage alles zusammenpasst, richtet man sich weltweit nach denselben Normen für Größe, Gewicht, elektrische Eigenschaften und sogar Farbe (S. 50–51). So erübrigt sich die aufwändige Einzelfertigung sämtlicher Teile durch einen Hersteller. Um die Maßgenauigkeit industriell gefertigter Erzeugnisse zu gewährleisten, reichen Maßband, Uhr und Küchenwaage natürlich nicht aus. Schon vor 100 Jahren konnte man mechanische Teile auf 0,025 mm genau fertigen. Heute werden optische Bauelemente mit Abweichungen von weniger als 0,00025 mm zu tausenden billig hergestellt. Im Weltraum stationierte Navigationssatelliten bieten Schiffen und Flugzeugen genaue Orientierung; damit sie zuverlässig funktionieren, muss die Zeit mit einer Abweichung von weniger als einer Sekunde pro Jahrhundert gemessen werden.

18-karätiges Gold

REINHEIT VON GOLD
Den Prozentsatz an Gold in einer Legierung drückt man in Karat aus. Reines Gold hat 24 Karat, während z.B. 18-karätiges Gold nur einen Goldanteil von 18/24 oder 75% hat.

Standardmaß für 1 l

Standardmaß für 0,5 l (500 ml)

Standardmaß für 0,1 l (100 ml, ein Deziliter)

Standardmaß für 0,01 l (10 ml, ein Zentiliter)

EINHEITLICHE MASSE
Das metrische System (1795 in Frankreich eingeführt) reduzierte die vielen bis dahin existierenden Längen- und Gewichtseinheiten auf zwei Grundeinheiten: das Meter und das Kilogramm. Flüssigkeiten misst man in Liter: 1 l entspricht dem Volumen von 1 kg Wasser. Mit standardisierten Litermaßen (oben) eichte man im 19. Jh. Meßgefäße.

KUPFERKRÜGE
Mit Krügen wie diesem (von 1910) maßen die Spirituosenhändler früher Branntwein ab. Er gehört zu einem Satz Messgefäße, mit denen man Flüssigkeitsmengen von 0,6 bis 9 l abmessen kann. Als Eichmarkierung gilt die engste Stelle am Hals des Krugs.

Behälter für das Kubikzoll

Genormtes Kubikzoll ($16{,}4\ cm^3$), 1,7fach vergrößert

Strichmarkierungen

BRITISCHES RAUMMASS
Genaue Messungen sind die Grundlage der Technik und umgekehrt werden genaue Messungen erst durch die Technik möglich. Mit dem rechts abgebildeten Standardmaß, das aus Messing mit höchster Präzision maschinell angefertigt und mit Nickel überzogen wurde, bestimmte das britische Handelsministerium 1889 das Gewicht eines Kubikzolls (16 ml) reinen Wassers.

ANDERE LÄNDER …
Ein Teil der heute in Großbritannien (und, in abgewandelter Form, in den USA) verwendeten Maßeinheiten geht auf die Römerzeit zurück. Als Standardlänge gilt das Yard. Heute werden Längeneinheiten mithilfe von Laserlicht (S. 59) definiert. Im Vergleich dazu ist das Norm-Yard (rechts ein Exemplar aus Bronze von 1497) sehr ungenau, für damalige Ansprüche genügte es aber vollkommen.

MITHILFE DER SONNE

Als die Erde aus dem Weltraum fotografiert wurde, stellte man fest, dass die anhand von Messungen auf der Erde erstellten Karten sehr genau sind. Das wichtigste Instrument des Landvermessers ist der Theodolit. Auf dem Bild rechts wird die Lage eines möglichen Erdölvorkommens auf einer Insel in der Arktis ermittelt. Ein kilometerweit entfernter Punkt kann sehr genau vermessen werden, wenn jemand von dort aus das Sonnenlicht mit einem Spiegel in die Linse des Theodoliten reflektiert.

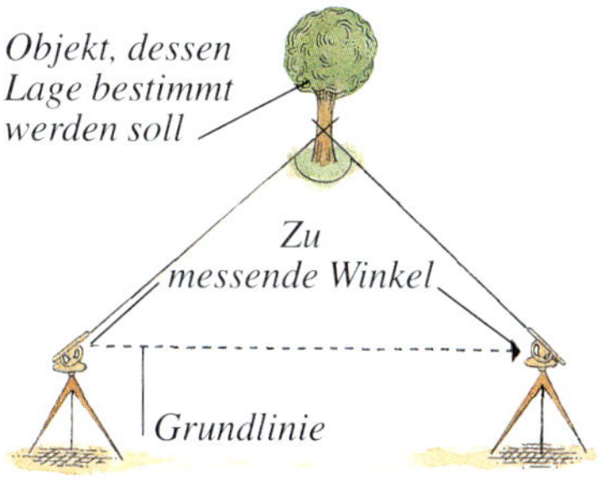

AUS DER FERNE

Ein Theodolit ist ein kleines Fernrohr, mit dem man die Winkel zwischen unterschiedlichen Blickrichtungen sehr genau messen kann. Wenn man ein weit entferntes Objekt von zwei bekannten Punkten aus anvisiert, kann man aus den gemessenen Winkeln dessen genaue Lage berechnen.

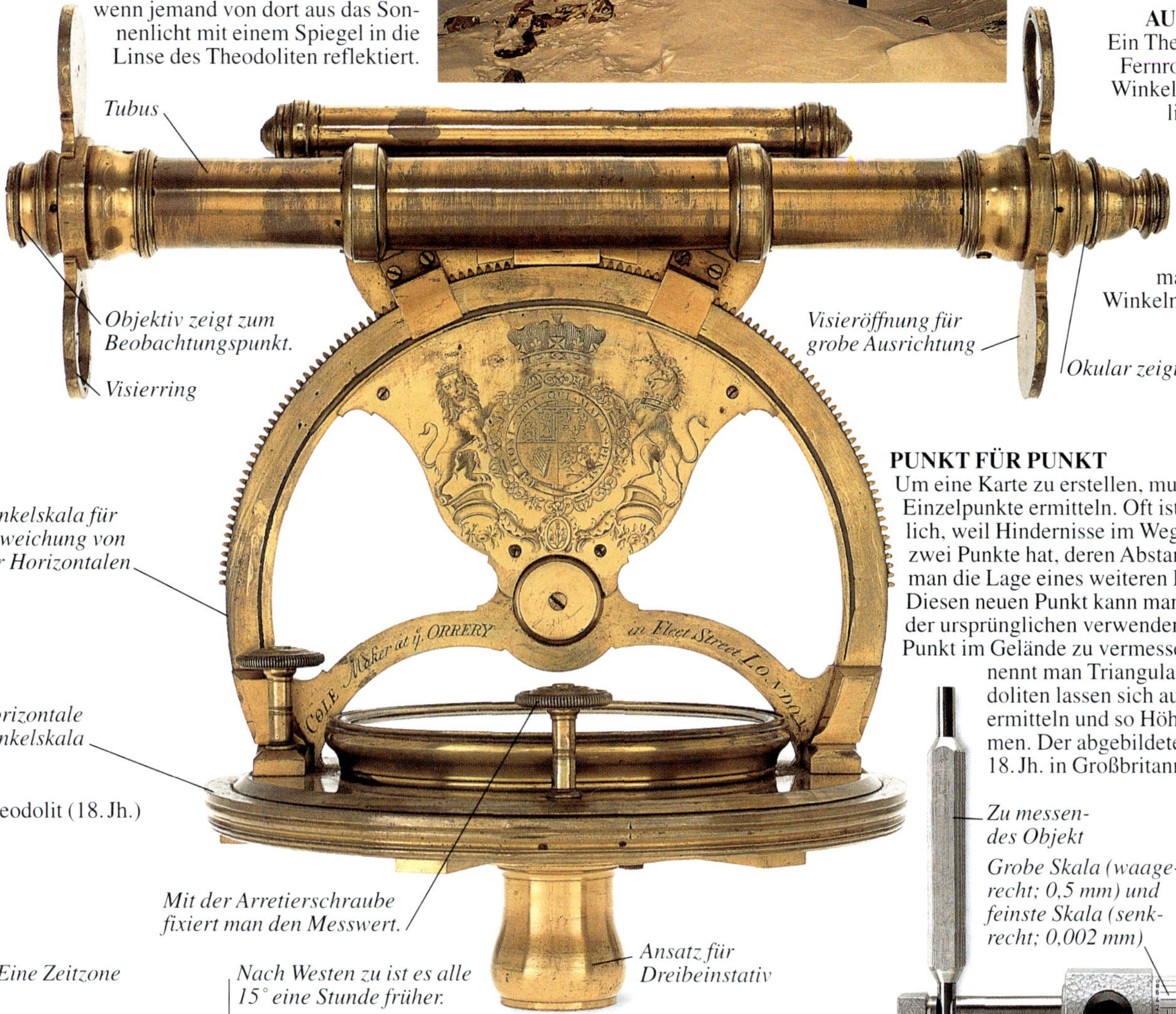

Theodolit (18. Jh.)

PUNKT FÜR PUNKT

Um eine Karte zu erstellen, muss man die Lage vieler Einzelpunkte ermitteln. Oft ist dies nicht direkt möglich, weil Hindernisse im Weg sind. Wenn man aber zwei Punkte hat, deren Abstand bekannt ist, kann man die Lage eines weiteren Punktes bestimmen. Diesen neuen Punkt kann man zusammen mit einem der ursprünglichen verwenden, um einen weiteren Punkt im Gelände zu vermessen. Diese Methode nennt man Triangulation. Mit dem Theodoliten lassen sich auch vertikale Winkel ermitteln und so Höhenmessungen vornehmen. Der abgebildete Theodolit wurde im 18. Jh. in Großbritannien eingesetzt.

FEINARBEIT

Mit der Mikrometer- oder Messschraube lassen sich feinste Messungen vornehmen. Durch Drehen am Führungsrohr bewegt man die Messspindel auf das gegen den Amboss gehaltene Objekt zu. Die Skala auf dem Führungsrohr gibt den Wert auf 0,5 mm genau an, die zweite Skala auf der Messtrommel ist noch feiner unterteilt.

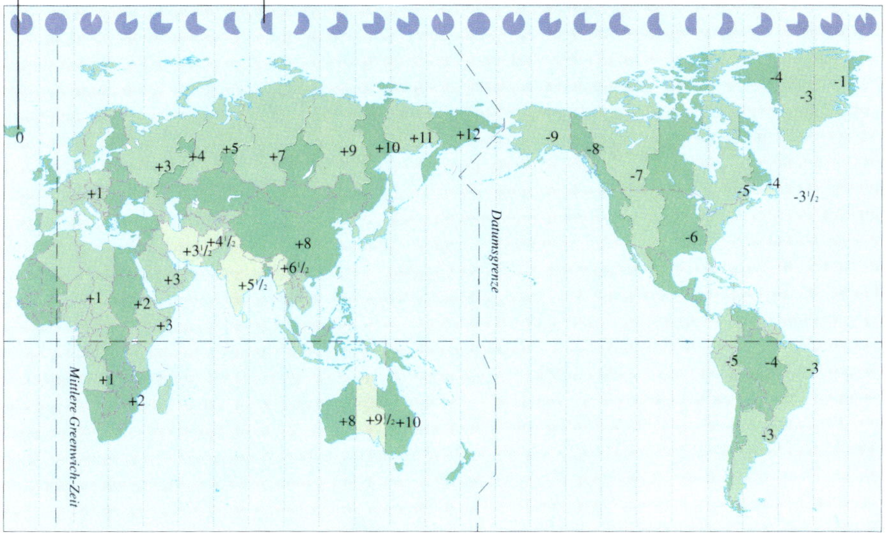

EINE FRAGE DER ZEIT

Um 12 Uhr mittags Ortszeit steht die Sonne am höchsten. An einem Ort, der 15° weiter westlich liegt, ist dies eine Stunde später der Fall. Seeleute ermittelten früher die geographische Länge ihrer Position durch Vergleich der Ortszeit mit einer nach der Zeit im Heimathafen gestellten Uhr. Dafür brauchte man Uhren, die auch auf einem bewegten Schiff sehr genau gingen. Dies war ab 1735 mit dem Marinechronometer möglich.

Mechanik

Auch im Zeitalter der Elektronik spielen mechanische Teile eine wichtige Rolle. In jedem Personalcomputer surren mehrere Motoren, ein Drucker enthält mechanische Vorrichtungen zur Papierführung und zur Erzeugung der Zeichen auf dem Papier. Bei elektronisch gesteuerten Uhren wird eine Schwingung mechanisch über Schalträder auf die Zeiger übertragen. Viele halten das Rad für die früheste mechanische Vorrichtung, Hebel und Keile sind jedoch noch älter. Mechanische Vorrichtungen bestehen aus nur wenigen verschiedenartigen Teilen, die für die Übertragung oder Speicherung von Energie oder Information sorgen oder Kraft in eine gleichmäßige oder kontrollierte Bewegung umsetzen. Hebel, Zahnräder und Flaschenzüge dienen der mechanischen Kraftverstärkung, wobei sich der Kraftweg (die Strecke, über die die Kraft aufgewendet werden muss) vergrößert.

TREPPAB
Wenn wir eine Treppe hinabsteigen, setzen wir mit jeder Stufe eine bestimmte Menge Energie in Bewegung um. Genauso ist es bei diesem mechanischen Spielzeug (oben). Stellt man es oben an die Treppe und stößt es an, „marschieren" die Holzpüppchen Stufe für Stufe hinab. Fällt man dagegen die Treppe herunter, wird eine große Menge Energie unkontrolliert freigesetzt.

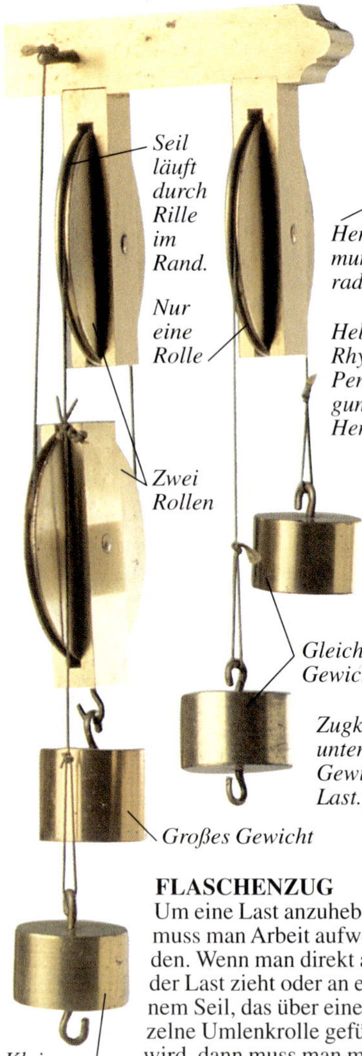

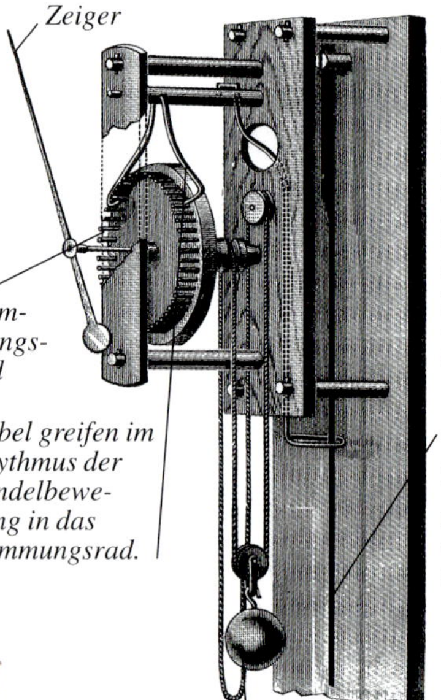

UHRWERK
Die ersten komplizierten mechanischen Vorrichtungen waren Uhren. Pendeluhren funktionieren nach einem Prinzip, das der italienische Physiker Galileo Galilei (1564–1642) entdeckte. Sie setzen die Seitwärtsschwünge des Pendels in eine regelmäßige Kreisbewegung der Zeiger um.

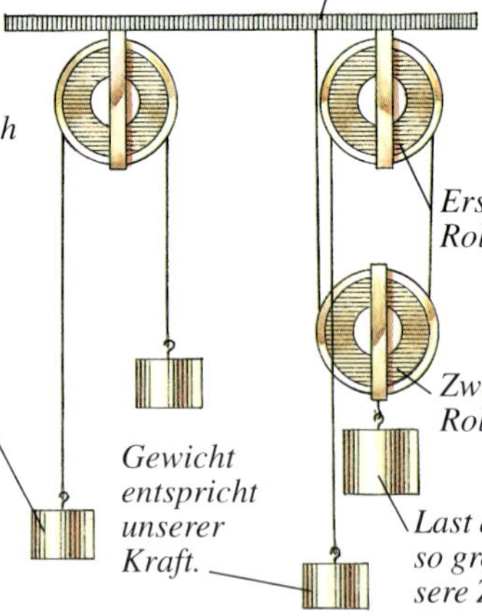

FLASCHENZUG
Um eine Last anzuheben, muss man Arbeit aufwenden. Wenn man direkt an der Last zieht oder an einem Seil, das über eine einzelne Umlenkrolle geführt wird, dann muss man mit voller Kraft ziehen, um das Gewicht anheben zu können. Wenn das Seil aber über zwei Umlenkrollen läuft, muss man nur noch mit der halben Kraft ziehen, dafür aber doppelt so weit. Die Arbeit ist in beiden Fällen gleich groß. So können wir Lasten anheben, für die unsere Muskelkraft allein nicht ausreicht.

DAS IST DER TRICK
Mit einer Umlenkrolle zieht die Last mit ihrem vollen Gewicht am Seil. Bei zwei Rollen trägt die starre Aufhängung das halbe Gewicht. Wir müssen nur noch halb so stark ziehen, dafür aber doppelt so weit. Die Arbeit bleibt die gleiche.

FAHRWERK

Wenn ein Flugzeug landet, wird in kurzer Zeit viel Energie frei. Das Fahrwerk sorgt dafür, dass dies auf kontrollierte Weise geschieht. Einen Teil der Energie absorbieren mechanische Federn oder Hydraulik-Stoßdämpfer. Beim Entspannen der Federn wird die Energie langsam und kontrolliert wieder freigesetzt. Auch die Reifen nehmen einen Teil der Energie auf: Sie werden heiß.

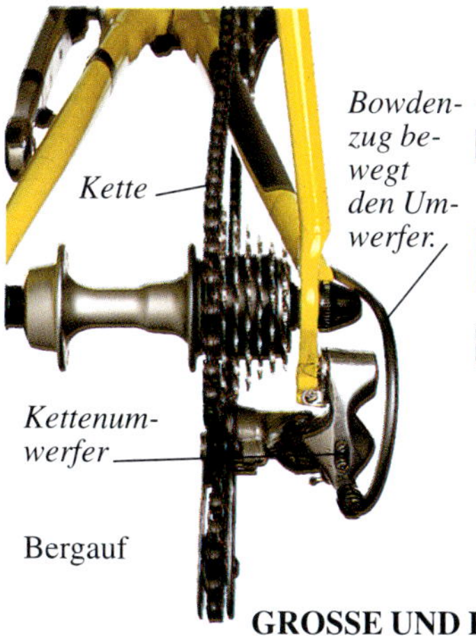

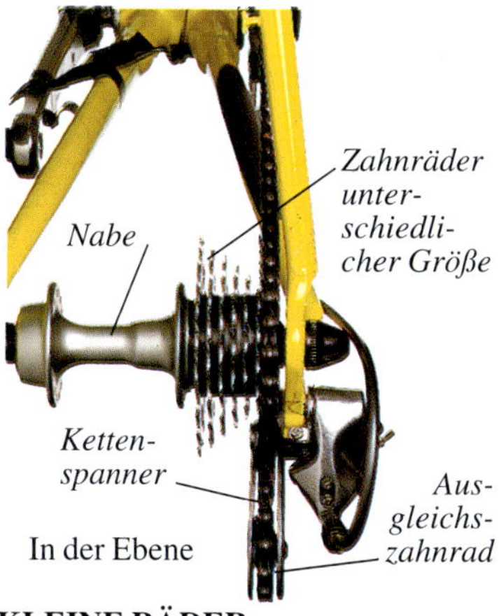

GROSSE UND KLEINE RÄDER

Zahnräder und Kette eines Fahrrads setzen Kraft in Geschwindigkeit um. Beim Wechseln zwischen den Gängen wird die Kette zwischen den unterschiedlich großen Zahnrädern am Hinterrad und an den Pedalen versetzt. Bergauf wählt man einen niedrigen Gang, d.h. ein kleines vorderes und ein großes hinteres Zahnrad, sodass man weniger Kraft aufwenden muss. In der Ebene fährt man mit einem höheren Gang (kleines hinteres und großes vorderes Zahnrad), damit man langsamer treten kann.

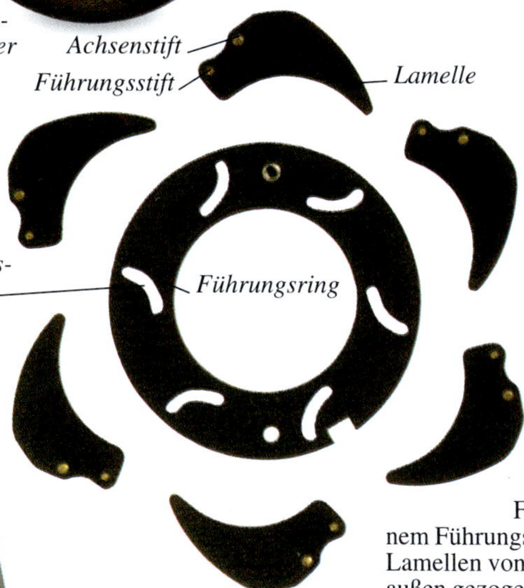

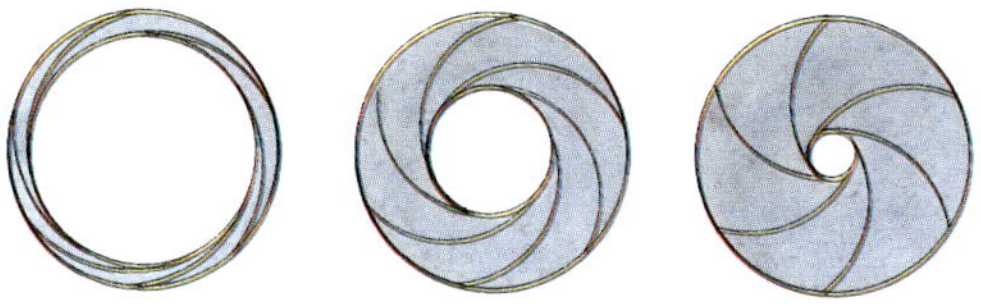

LICHT UND SCHATTEN

Wie das Auge braucht auch die Kamera einen Mechanismus, der den Lichteinfall regelt. Beim Auge verändert die Iris (ein farbiger Muskelring) die Pupillengröße. Bei der Blende der Kamera wird der gleiche Effekt durch einen raffinierten Stiftführungs-Mechanismus bewirkt. Die Blende besteht aus sechs gleichartigen sichelförmigen Lamellen aus dünnem Blech, die an Achsenstiften drehbar befestigt sind und mit Führungsstiften in besonders geformte Schlitze in einem Führungsring greifen. Wenn dieser gedreht wird, werden die Lamellen von den Führungsstiften synchron nach innen oder außen gezogen und verändern die Öffnung. Dadurch kann einmal mehr und einmal weniger Licht auf den Film fallen. Die Form der Führungsschlitze ist so berechnet, dass sich bei jedem Einrasten am Blendenring die Öffnung genau halbiert oder verdoppelt.

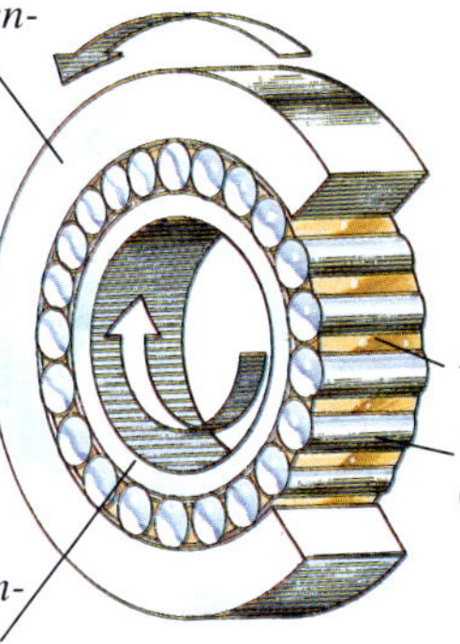

WÄLZLAGER

Lager wie das abgebildete reduzieren in Rädern die Reibung. Der Außenring des Lagers ist am Rad befestigt, der Innenring an der Achse. Ohne Lager würden Rad und Achse aneinander reiben und sich dabei stark erhitzen. Mit dem Lager dagegen rollt das Rad auf den Wälzkörpern und diese rollen auf der Achse. Die Wälzkörper werden durch einen mitdrehenden Käfig auf gleichem Abstand gehalten. Trotz Wälz- oder Kugellager existiert noch Reibung, sie ist nur viel kleiner als ohne Lager.

AUF UND ZU

Eine gedehnte Feder speichert Energie, sie kann daher Arbeit verrichten. An dieser Flasche bewirkt eine Lasche aus Kunststoff, dass die Flasche auf- oder zuschnappt. Ein ähnliches System liegt z.B. auch Lichtschaltern zugrunde, die ebenfalls nur in zwei Positionen stehen können.

Fabriken

Eine Fabrik ist ein Ort, an dem Arbeiten, die früher von Hand verrichtet wurden, maschinell erledigt werden. Die menschliche Arbeitskraft wird in Fabriken nach wirtschaftlichen Gesichtspunkten eingesetzt. Diese Überlegungen lagen Henry Fords noch heute gültigem System der rationalisierten Massenfertigung (S. 42) zugrunde. Attraktiv war die Fabrikarbeit vor allem deshalb, weil dafür höhere Löhne gezahlt wurden als in der Landwirtschaft. So verdienten sich immer mehr Menschen ihren Lebensunterhalt mit Fabrikarbeit.

NEUERUNGEN
Der englische Töpfer Josiah Wedgwood (1730–1795), ein Pionier der arbeitsteiligen Serienfertigung, setzte in seiner Manufaktur schon früh eine Dampfmaschine ein. Wedgwood-Erzeugnisse sind sehr gefragt, z.B. die berühmte blaue Jasperware (unten).

Von Hand aufgebrachte Relieffiguren

Jasperware-Tasse (1994)

WASSER WEIST DEN WEG
Wasserkraft war die Triebfeder der industriellen Revolution im 18. Jh. Über Zahnräder und Riemen trieben Wasserräder die Spinn- und Webmaschinen der neuen Textilfabriken an. Für den Transport der Güter nutzte man vermehrt Wasserwege (Kanäle) statt holpriger Landstraßen. Die damaligen Fabrikgründer konzentrierten menschliche Arbeitskraft in ihren Produktionsstätten und setzten sie gezielt zur Nutzung neuer Erfindungen ein. Der wirtschaftliche Erfolg war groß, ging aber vielfach auf Kosten der Arbeiterinnen und Arbeiter.

Zahnräder übertragen die Kraft auf die Maschinen.

Webstuhl

Unterschlächtiges Wasserrad

Modell einer mit Wasserkraft betriebenen Baumwollfabrik (18. Jh.)

WAS LANGE WÄHRT …
Kuppelöfen (oben) wurden bis in die frühen 1920er-Jahre genutzt. Die Feuerung befand sich unter dem Ziegelfußboden, auf den man die ungebrannte Töpferware stellte. Durch Öffnungen im Boden gelangte heißes Gas nach oben, erhitzte die Gefäße und entwich durch den Kamin. Das arbeits- und energieaufwändige Verfahren dauerte Tage. In den heutigen Gas- und Elektrobrennöfen wird die Energie sparsamer genutzt.

SOZIALE FOLGEN
Die Fabrikgründer gingen finanzielle Risiken ein und wurden im Erfolgsfall durch die Arbeit ihrer Arbeiter reich. In seinem Werk *Das Kapital* (1867) führte der Philosoph Karl Marx (1818–1883) aus, dass der Kapitalismus zwar den Wohlstand mehren, aber bei den Arbeitern Unzufriedenheit hervorrufen werde und deshalb nicht von Dauer sein könne.

SCHIFFE FÜR DEN KRIEG
Am Fließband kommt die Arbeit zum Arbeiter und dieser führt immer wieder den gleichen Handgriff aus. Das Ganze kann man auch umkehren: Der Arbeiter geht mit dem Werkzeug in der Hand von Teil zu Teil. So wurden im Mittelalter in der venezianischen Werft „Arsenale“ Kriegsschiffe in Serie gefertigt. „Arsenale“ war nicht nur die größte Schiffsbaustätte, sondern auch der erste Großbetrieb der Welt überhaupt. Wenn die Schiffe zu Wasser gelassen waren, wurden sie von den Fenstern der Werft aus beladen und konnten innerhalb von 24 Stunden auslaufen.

Mechanisierung der Arbeit

Nachdem der Mensch jahrtausendelang nahezu alles mit seiner Körperkraft bewältigt hatte, begann Mitte des 18. Jh.s die Mechanisierung der Arbeit. Inspiriert durch neue Erkenntnisse der Naturwissenschaften und der Mathematik und unter Einsatz von viel unternehmerischem Wagemut führten die Fabrikbesitzer verbesserte Produktionsmethoden ein. Zu den ersten Verfahren, die mithilfe wasserkraftbetriebener Maschinen mechanisiert wurden, gehörten Spinnen und Weben. Dadurch wurde es möglich, in kurzer Zeit große Mengen Tuch herzustellen (S. 38–39), sodass die Preise für Textilien rasch sanken.

WIE EINST DORNRÖSCHEN

Spinnen nennt man das Verdrillen von Textilfasern zu Garn. Anfangs bewältigte man dies von Hand mit der Spindel. Dabei verzwirnt man das um den Rocken gewickelte Spinnmaterial mit einem in Drehung versetzten Stab (Spindel) zum Faden. Das Spinnen mit der Spindel war zeitaufwändig und die Garnqualität ungleichmäßig. Durch die Einführung des Spinnrads aus Indien im 13. Jh. wurde der Spinnvorgang beschleunigt.

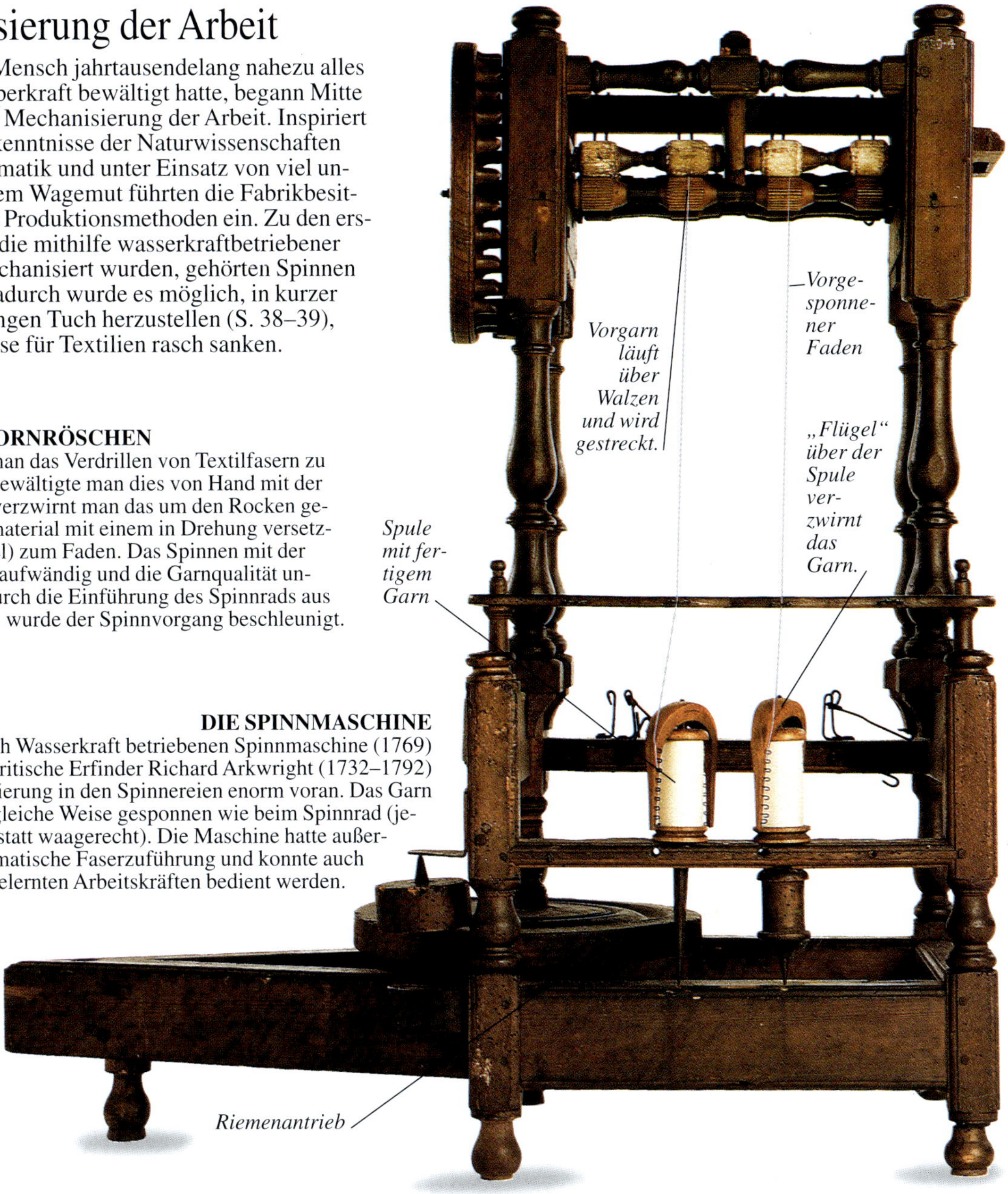

DIE SPINNMASCHINE

Mit seiner durch Wasserkraft betriebenen Spinnmaschine (1769) brachte der britische Erfinder Richard Arkwright (1732–1792) die Mechanisierung in den Spinnereien enorm voran. Das Garn wurde auf die gleiche Weise gesponnen wie beim Spinnrad (jedoch senkrecht statt waagerecht). Die Maschine hatte außerdem eine automatische Faserzuführung und konnte auch von ungelernten Arbeitskräften bedient werden.

FABRIK ANNO 1900

In dieser Fabrik übertrug ein System aus Wellen und Treibriemen über die gesamte Länge der Halle die Energie zu den Webstühlen. Oft rissen die Riemen und die Maschinen standen still. Ab Anfang des 20. Jh.s sorgten elektrische Generatoren und Motoren für einen reibungsloseren Betrieb.

SCHNELLER UND BILLIGER

Wenn ein Schneider für einen Kunden einen Anzug fertigt, schneidet er die Teile einzeln mit der Schere zu. In Fabriken für Konfektionskleidung werden hunderte von gleichen Teilen auf einmal mit einem Laser (S. 58–59) zugeschnitten. Der Laserstrahl schneidet durch viele Stofflagen, ohne dass das Material sich dehnt. Gesteuert wird er von einem Computer, in dem das erforderliche Schnittmuster gespeichert ist.

Wärmekraftmaschinen

RAKETENANTRIEB
Eine Rakete stößt heiße Abgase nach hinten aus und erfährt dadurch einen Vorwärtsschub.

Wärme und Bewegung sind zwei Erscheinungsformen von Energie, die ineinander umgewandelt werden können. Erstmals gelang dies 1712 dem britischen Ingenieur Thomas Newcomen (1663–1729): Er baute eine Dampfmaschine, die zum Pumpen von Wasser eingesetzt wurde. Heute liefern Dampfturbinen als Antrieb elektrischer Generatoren einen Großteil der weltweit verbrauchten Energie. Eine Wärmekraftmaschine ist umso nützlicher, je mehr Leistung sie im Verhältnis zu ihrem Gewicht erbringt und je größer der Anteil der Wärme ist, den sie in Arbeit umwandelt. Wärme kann direkt in Arbeit umgesetzt werden, wenn der Treibstoff im Inneren des Motors gezündet wird, wie es bei Verbrennungsmotoren und Strahltriebwerken der Fall ist.

AUF DEM DAMPFROSS
Leichte und dennoch leistungsfähige Dampfmaschinen setzte man auf Räder und nutzte sie für Transportzwecke. Erste Versuche mit dampfbetriebenen Schienenfahrzeugen gab es bereits 1801, den Durchbruch brachte jedoch erst George Stephensons (1781–1848) Lokomotive *Rocket*, die ab 1830 zwischen Liverpool und Manchester verkehrte.

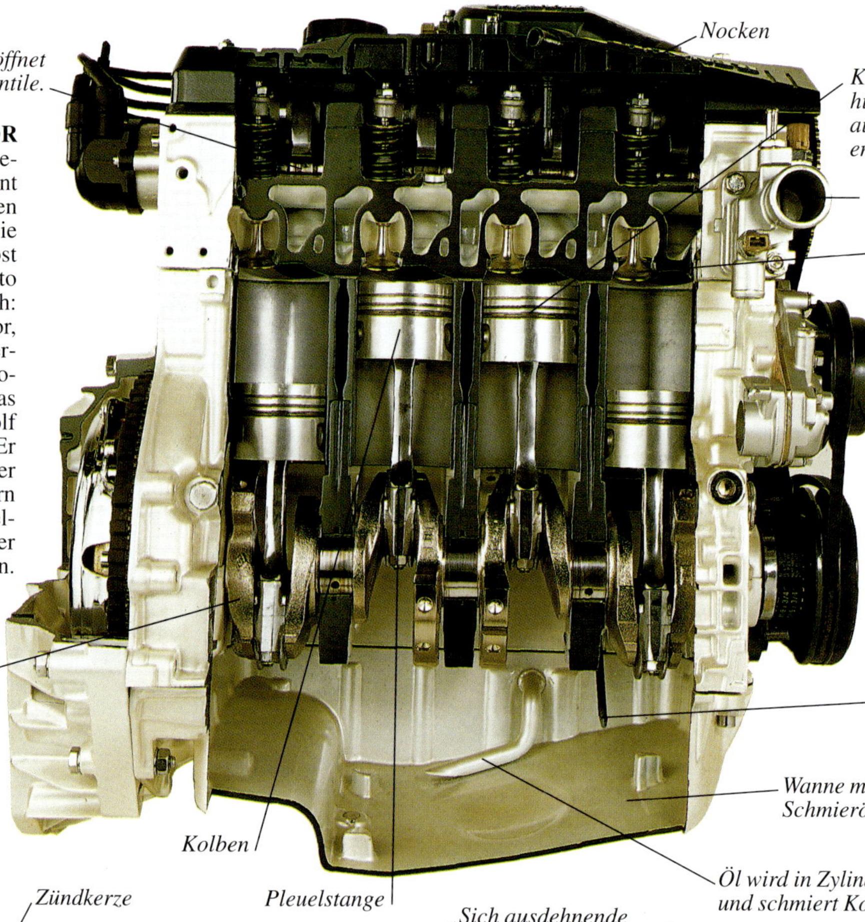

VERBRENNUNGSMOTOR
Bei der Dampfmaschine erzeugt eine Wärmequelle in einem Kessel Dampf. Dieser dehnt sich in einem Zylinder aus und bewegt einen Kolben. Mitte des 19. Jh.s kam man auf die Idee, die Wärmequelle in den Zylinder selbst zu verlegen. Der Ingenieur Nikolaus Otto (1832–1891) löste das Problem erfolgreich: 1861 konstruierte er den ersten Benzinmotor, 1876 den ersten technisch brauchbaren Viertaktmotor, den Vorläufer der heutigen Automotoren. Ein elektrischer Funke zündet das Treibstoff-Luft-Gemisch. 1893 stellte Rudolf Diesel (1858–1913) seine Erfindung vor. Er hatte einen Motor entwickelt, in dem der Treibstoff nicht durch einen Funken, sondern nur durch Verdichtung gezündet wird. Dieselmotoren sind schwerer, aber zuverlässiger und wirtschaftlicher als Benzinmotoren.

IM VIERVIERTELTAKT
Die meisten Motoren sind Viertakter: Beim Vierzylindermotor erfolgt dabei eine Zündung pro Umdrehung. Die Zylinder arbeiten versetzt, sodass der Motor gleichmäßig läuft.

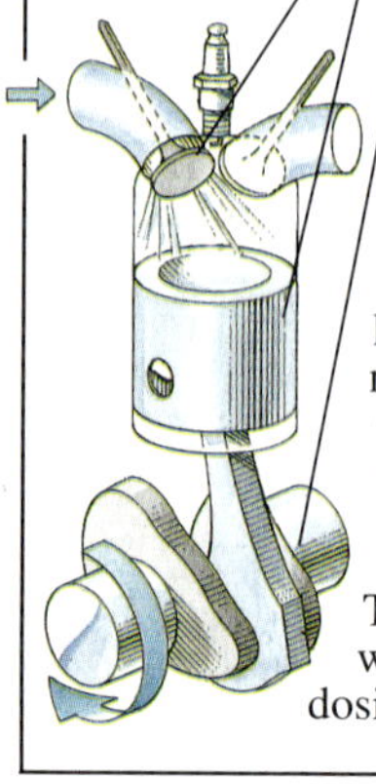

1 ANSAUGEN Die Kurbelwelle zieht den Kolben nach unten, das Einlassventil wird von einer Nocke der Nockenwelle geöffnet und das Treibstoff-Luft-Gemisch strömt in den Kolben. Die Treibstoffmenge wird elektronisch dosiert.

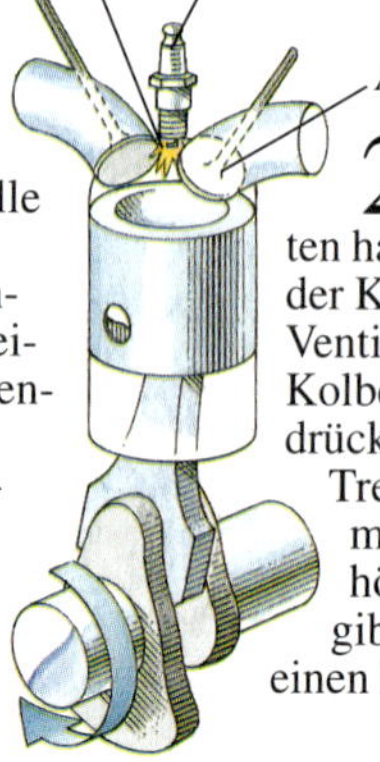

2 VERDICHTEN Während der nächsten halben Umdrehung der Kurbelwelle sind beide Ventile geschlossen. Der Kolben wird nach oben gedrückt und verdichtet das Treibstoff-Luft-Gemisch. Wenn er am höchsten Punkt ist, gibt die Zündkerze einen Funken ab.

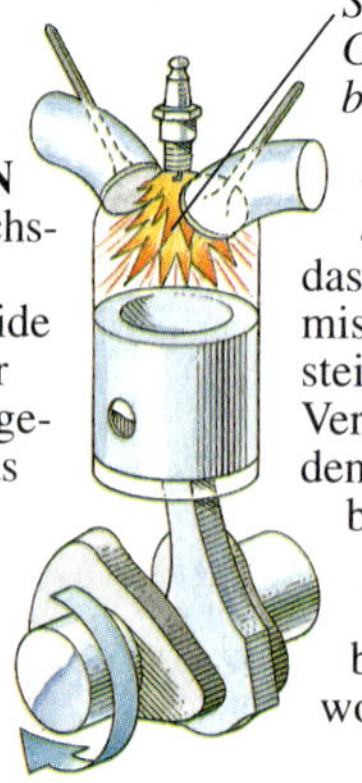

3 ARBEITSTAKT Der Funke zündet das Treibstoff-Luft-Gemisch, die Temperatur steigt stark an. Die heißen Verbrennungsgase treiben den Kolben abwärts. Dabei wird die Kurbelwelle gedreht; die Wärme ist in Arbeit umgewandelt worden.

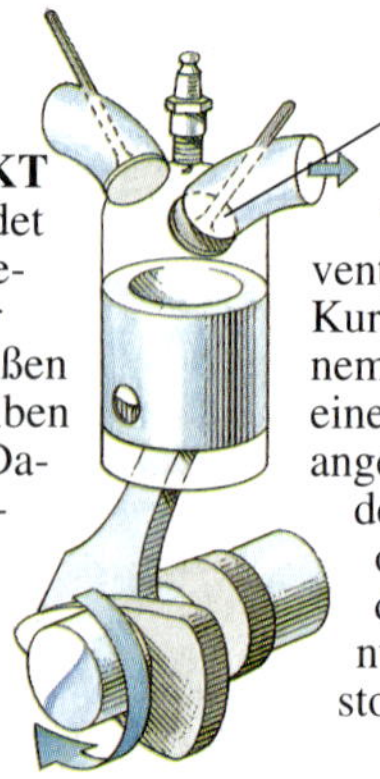

4 AUSSTOSSEN Das Auslassventil öffnet sich: Die Kurbelwelle (von einem Schwungrad oder einem anderen Kolben angetrieben) drückt den Kolben nach oben. Dabei werden die Verbrennungsgase ausgestoßen.

PFEIL AUF SCHIENEN *links*

Züge sind energiesparender als Autos. Elektroloks beziehen ihre Antriebsenergie von Wärmekraftmaschinen in einem weit entfernten Kraftwerk. Dieser Zug mit Elektroantrieb (*Bullet Train* genannt) verkehrte erstmals 1964 auf der japanischen Hochgeschwindigkeitsstrecke Shinkansen zwischen Tokio und Osaka und erreichte auf deren Spezialgleisen 210 km/h. Der französische TGV (*train à grande vitesse*) befährt heute die Atlantiklinie mit ca. 300 km/h und die ICE-Züge der Deutschen Bahn verkehren seit Mitte 1991 mit ca. 250 km/h zwischen Großstädten.

STRAHLTRIEBWERK *unten*

In einem Strahltriebwerk erfolgt die Verbrennung nicht taktweise, sondern kontinuierlich. Beim Turbinen-Strahltriebwerk (Turbojet) wird die mechanische Arbeit von den heißen Gasen verrichtet, die nach hinten beschleunigt werden und so wie bei einer Rakete einen Vorwärtsschub bewirken. Passagierflugzeuge haben heute meist Manteltriebwerke (Turbofans). Diesen ist ein Gebläse vorgeschaltet, das kühle Luft in einer Ummantelung um das Triebwerk herumführt. Der Luftstrom unterstützt nicht nur den Schub, er verringert auch die Lautstärke der ausströmenden Gase.

Schnittmodell eines Rolls-Royce-Manteltriebwerks

„DANIEL DÜSENTRIEB“

Mit nur 23 Jahren ließ der britische Ingenieur Frank Whittle (geb. 1907) seinen ersten Düsenmotor patentieren. Als Kampfflieger bei der britischen Luftwaffe hatte er erkannt, dass die Leistung der damaligen Flugzeugmotoren in großen Höhen stark nachließ. Mit dem Düsenmotor löste Whittle dieses Problem. 1936 gründete er eine eigene Firma, um seine Erfindung weiterzuentwickeln und herzustellen. Gegen Ende des 2. Weltkriegs (1944) stattete man erstmals Kampfflugzeuge mit Düsenmotoren aus.

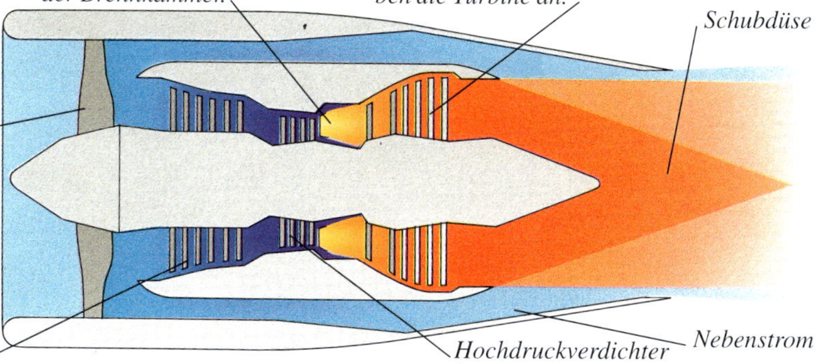

DICHT, DICHTER …

Anders als ein Raketentriebwerk bezieht der Düsenmotor den Sauerstoff für die Verbrennung aus der Luft. Ein Verdichter aus gebogenen Lamellen auf einer rotierenden Welle saugt die Luft an und pumpt sie in die Brennkammer, wo sie sich mit dem Treibstoff mischt. Die Verbrennungsgase treiben eine Gasturbine weiter hinten auf derselben Welle an, die wiederum den Verdichter in Gang hält.

Massenfertigung

PIONIER
Eli Whitney (1765–1825) stellte erstmals Produkte in Massenfertigung her: Gewehre, deren Einzelteile so präzise gearbeitet waren, dass sie beliebig austauschbar waren.

Ein Produkt kann man auf zwei Arten herstellen: Entweder führt eine Person alle Arbeitsgänge nacheinander aus oder mehrere Personen übernehmen je einen Arbeitsgang. Letzteres nennt man Arbeitsteilung; sie ist die Grundlage der Massenproduktion. Wenn man den Produktionsprozess in einzelne Schritte zerlegt, können diese von Maschinen oder angelernten Arbeitern ausgeführt werden. Dabei hat der Einzelne jedoch nie die Befriedigung, ein komplettes Produkt hergestellt zu haben. Wie so oft waren auch bei der Einführung der Massenfertigung militärische Zwänge die treibende Kraft. Der Amerikaner Eli Whitney verpflichtete sich 1798 der US-Regierung binnen zwei Jahren 10.000 Gewehre zu liefern, um das Heer für einen drohenden Krieg mit Frankreich auszurüsten. Hierzu stellte er die Gewehre nicht einzeln her, sondern ließ die Gewehrteile in großer Zahl maschinell fertigen und anschließend zusammenbauen.

MENSCH UND MASCHINE
Dieses Präzisionswerkzeug wurde am Computer (S. 55) entworfen und von qualifizierten Werkzeugmachern in Handarbeit hergestellt. Mit ihm lassen sich pro Stunde 40 Pumpenteile (links) fertigen. Im Grunde steht also auch hinter diesem scheinbar rein maschinellen Prozess menschliche Handarbeit.

WIE EIN EI DEM ANDEREN
Spritzgussteile aus Kunststoff eignen sich gut zur Massenproduktion. Mit einer Form kann man das gleiche Teil tausendfach mit höchster Präzision gießen. Für kompliziertere Formen gibt es Gussformen mit beweglichen Teilen. Kleine Formstücke werden in einem Arbeitsgang gefertigt. Spritzgussteile erkennt man am Anguss, einem Abdruck des Kanals, durch den der Kunststoff eingespritzt wurde (meist an der Unterseite), sowie an einem dünnen Grat an den Stellen, an denen die einzelnen Teile der Gussform aufeinander stießen.

SPRITZGUSSVERFAHREN
Kunststoffgranulat (S. 26) wird in eine beheizte Kammer gefüllt, geschmolzen und von einer Förderschnecke zur Düse transportiert. Wenn sich genügend Kunststoff angesammelt hat, stößt die Schnecke schnell nach vorn und drückt den heißen Kunststoff durch die Düse in die kalte Form, wo er erstarrt.

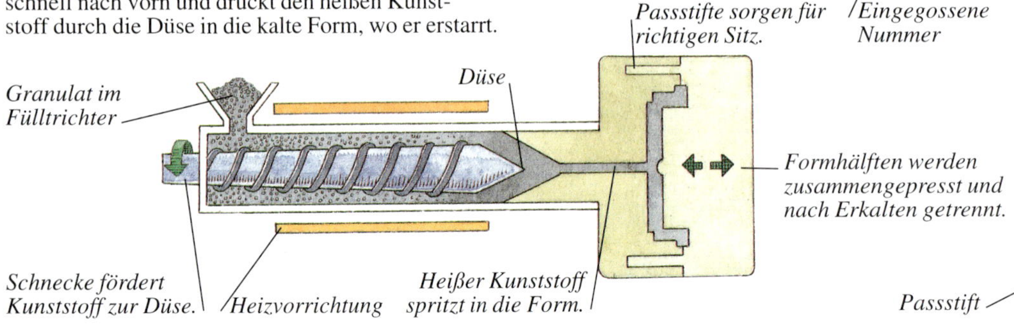

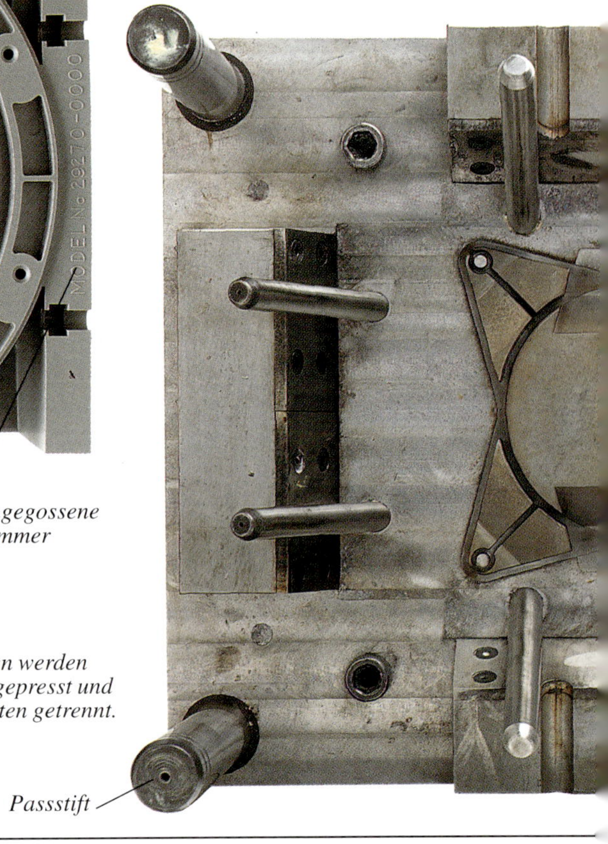

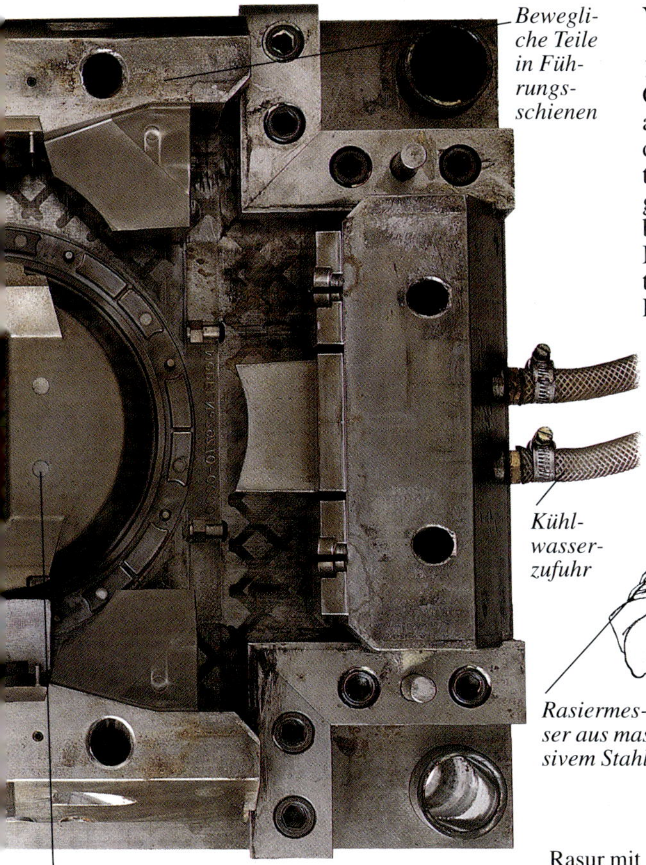

Wegwerfprodukte

1903 brachte der Amerikaner King C. Gillette (1855–1932) einen Rasierapparat auf den Markt, dessen Klinge man nach dem Stumpfwerden wegwarf und ersetzte. Sein Konzept machte Schule; heute gibt es nicht nur Wegwerf-Kugelschreiber, sondern sogar Wegwerf-Kameras. Möglich wurde dies durch die kostengünstige automatische Massenfertigung von Präzisionsteilen. Inzwischen wissen wir, dass Wegwerfprodukte die Müllberge vergrößern (S. 62–63), und geben wieder Mehrwegerzeugnissen den Vorzug.

KLASSE STATT MASSE
Dieses Rasiermesser fertigte um 500 v.Chr. ein Handwerker mit großem Arbeits- und Zeitaufwand. Dafür leistete es dem Benutzer lange Zeit gute Dienste.

Rasur mit dem Rasiermesser

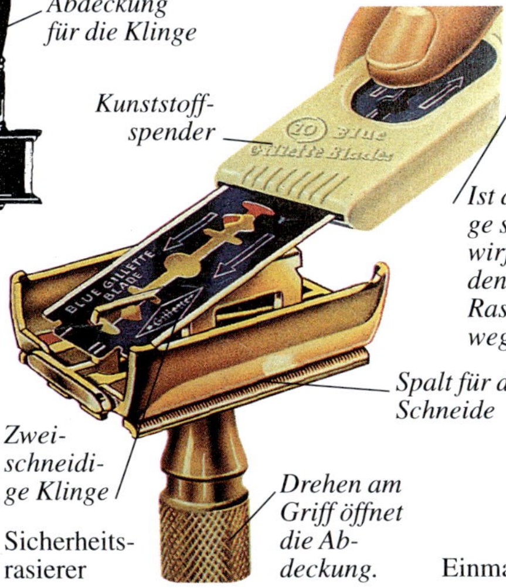

Sicherheitsrasierer

Einmalrasierer

STETS GLATT RASIERT
Bis etwa 1905 rasierten sich die Männer mit dem nicht ganz ungefährlichen Rasiermesser, das oft vom Vater an den Sohn weitergegeben wurde. 1895 ließ Gillette seinen Sicherheitsrasierer patentieren, der das Rasieren ungefährlich machte und das zeitraubende Schärfen der Klinge ersparte. Sog. Einmalrasierer gibt es seit 1975.

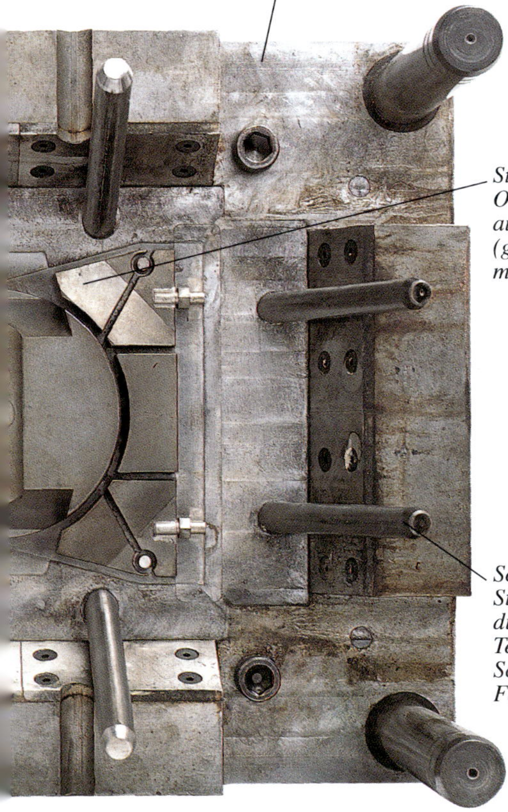

HÄNDE HOCH!
Mit dem *Peacemaker* brachte 1855 der amerikanische Waffenfabrikant Samuel Colt (1814–1862) ein massengefertigtes Produkt auf den Markt. Nach Eli Whitneys (S. 38) Konzept installierte Colt eine Fertigungsstraße, an der Arbeiter die austauschbaren Teile zusammenbauten.

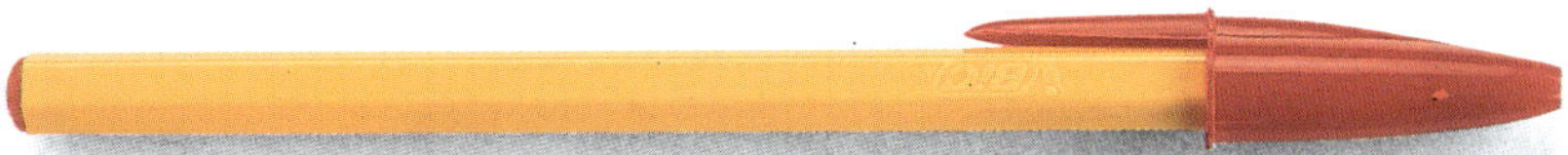

Bic-Kugelschreiber

FINDIGER FRANZOSE
1949 gründete Baron Marcel Bich (1914–1994) eine Kugelschreiberfabrik, ließ das „h" in seinem Nachnamen weg, und der Markenname *Bic* war geboren! Nach langen Verhandlungen mit dem ungarischen Erfinder des Kugelschreibers, Ladislaus Biró (1899–1985), kam 1953 der Wegwerf-*Bic* auf den Markt. Anfangs wurden bis zu 10.000 Stück pro Tag gefertigt, nach drei Jahren bereits eine Viertelmillion, und heute werden diese Kugelschreiber täglich millionenfach gekauft (und weggeworfen).

MÜHSAM
Früher musste man das Spülwasser auf dem Herd heiß machen, bevor man das Geschirr wusch.

Haushalt

Kleidung und ein Dach über dem Kopf gehören zu den Grundbedürfnissen des Menschen. Um beides in Ordnung zu halten, ist eine Vielzahl unterschiedlicher Arbeiten nötig: Kleidung muss gewaschen und ausgebessert, Mahlzeiten müssen zubereitet und die Wohnung muss sauber gehalten werden. Zahlreiche Geräte und Maschinen erleichtern uns heute Tätigkeiten wie Putzen und Waschen, aufgrund der gestiegenen Hygienestandards ist die Hausarbeit trotzdem kaum weniger geworden. Entscheidende hygienische Verbesserungen brachte im 19. Jahrhundert die Kanalisation, die die Seuchengefahr in den Städten eindämmte. Die Einführung der Elektrizität sorgte im frühen 20. Jahrhundert für die Beleuchtung von Straßen und Gebäuden sowie für die Entwicklung arbeitssparender Haushaltsmaschinen. Auch neue Materialien wie Kunststoffe (S. 26–27) führten zu Verbesserungen im Haushalt.

KATASTROPHALE ZUSTÄNDE *oben*
Zwischen 1832 und 1854 forderten drei Cholera-Epidemien allein in London 20.000 Todesopfer. Damals landeten sämtliche städtischen Abwässer und Abfälle in der Themse, aus der die Einwohner ihr Trinkwasser bezogen. 1858 begann man mit dem Bau eines Kanalsystems, das die Abwässer zur Flussmündung und von dort ins Meer leiten sollte. Nach 18 Jahren Bauzeit war das Projekt abgeschlossen und London verfügte über eine funktionierende Kanalisation. Abgebildet ist eines der zwei großen Pumpwerke im Bau.

HAUSPUTZ ZU ZWEIT
Diesen Staubsauger (Anfang 20. Jh.) musste man zu zweit bedienen: Einer betätigte den Blasebalg, der andere schob das Gerät. In den 1930er-Jahren, als die meisten Haushalte ans Stromnetz angeschlossen waren, kamen Elektrostaubsauger auf. Mit der Zeit ersetzte man die schweren, plumpen Geräte durch handlichere mit Kunststoffgehäuse.

ZYKLON-ENTSTAUBER
Moderne Werkstoffe ermöglichen die Anwendung industrieller Technik im Haushalt. Dieser Zyklon-Entstauber ist halb Staubsauger, halb Wirbelsturm. Er lockert den Schmutz und saugt ihn mit einem kräftigen Luftstrom ein. Im Inneren wird die Luft in schnelle Rotation versetzt. In einer konischen Kammer wird sie abgebremst, wobei sich der Staub in einem Behälter absetzt. Anders als beim herkömmlichen Staubsauger kann dabei kein Filter verstopfen.

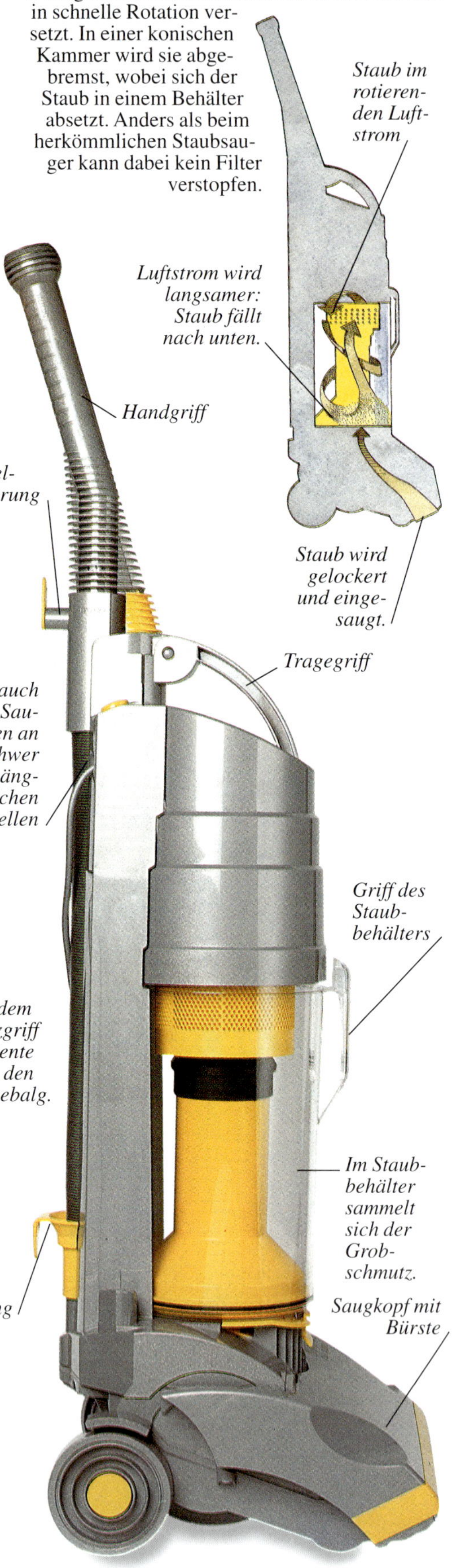

Lichtquellen

Im 19. Jh. verwendete man zur Wohnraumbeleuchtung Gas- und Öllampen. Sie gaben jedoch wenig Licht und die Brandgefahr war hoch. Als es gelang, mit elektrischem Strom einen Glühfaden zur Weißglut zu erhitzen, ohne dass er verbrannte, begann in der Beleuchtungstechnik ein neues Zeitalter. Die ersten Glühbirnen enthielten Kohlefäden im Vakuum, ab 1913 verwendete man Metallfäden in Edelgas, welches verhindert, dass der Faden verdampft und das Glas schwärzt.

NEUES IM ALTEN GEWAND
Zwischen 1900 und 1930 machten technische Neuerungen Hausangestellte überflüssig. Manchen ging diese Entwicklung zu schnell. So sollten die neuen technischen Hilfsmittel zumindest den alten so ähnlich wie möglich sehen. Ein Beispiel ist diese Elektroheizung, die wie ein altmodischer Zimmerofen wirkt.

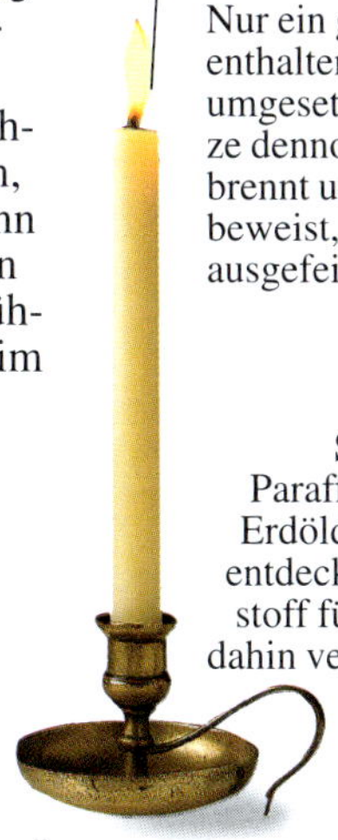

KERZENSCHEIN *links*
Nur ein geringer Teil der im Wachs enthaltenen Energie wird in Licht umgesetzt. Dass eine Haushaltskerze dennoch rückstandsfrei verbrennt und weder tropft noch rußt, beweist, dass auch sie ein technisch ausgefeiltes Produkt ist.

STURMLATERNE *rechts*
Paraffinöl, ein Nebenprodukt der Erdöldestillation, wurde um 1860 entdeckt. Man nutzte es als Brennstoff für Öllampen, welche die bis dahin verwendeten Kerzen ablösten.

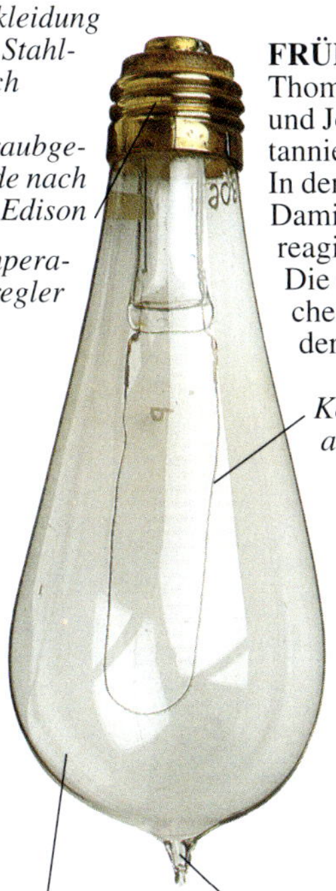

FRÜHE GLÜHBIRNE
Thomas Edison (1847–1931) in den USA und Joseph Swan (1828–1914) in Großbritannien stellten beide 1879 Glühbirnen her. In den Handel kam ihre Erfindung 1881. Damit der Kohlefaden nicht mit Sauerstoff reagierte, pumpte man die Birne luftleer. Die ersten Glühbirnen gaben nur schwaches Licht, dennoch stellten sie alles andere „in den Schatten".

MODERNE GLÜHBIRNE
Diese moderne Glühbirne brennt zweimal so lange und leuchtet viermal so hell wie Edisons Birne. Ihr Glühfaden ist aus Wolfram, einem Metall mit sehr hohem Schmelzpunkt. Die Glasbirne ist mit dem Edelgas Argon gefüllt. Der Glühfaden ist doppelt gewendelt; dadurch wird er heißer und die Lichtausbeute wird erhöht.

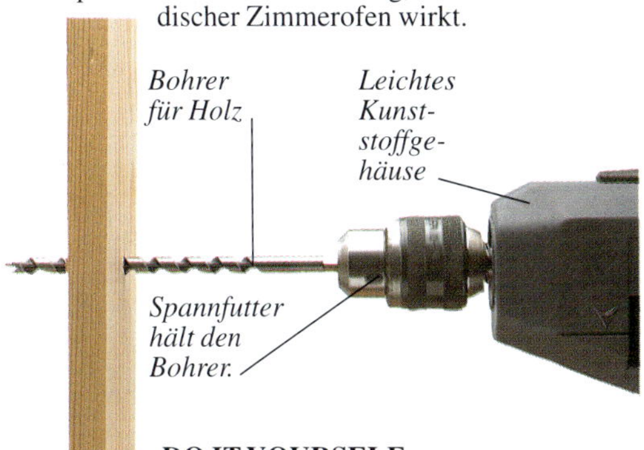

DO IT YOURSELF
Der erste tragbare Elektrobohrer wurde 1917 hergestellt; mit einem Gewicht von 11 kg lag er schwer in der Hand und war für den Hausgebrauch kaum geeignet. Moderne Bohrmaschinen (oben) mit Kunststoffgehäuse wiegen nur noch 1,5 kg. Dank moderner Batterietechnik gibt es mittlerweile auch „schnurlose" (akkubetriebene) Geräte. Die elektrische Bohrmaschine gehört heute zur Grundausstattung des Heimwerkers, lassen sich doch mit ihr kleinere handwerkliche Arbeiten im Haushalt im Nu erledigen.

ENERGIESPARLAMPE
In einer Leuchtstofflampe wird bei einer elektrischen Entladung durch Quecksilberdampf UV-Licht emittiert, das eine Beschichtung an der Glasinnenseite zum intensiven Leuchten anregt. Neben den langen, unhandlichen Leuchtstoffröhren gibt es heute auch Kompakt-Leuchtstofflampen (rechts). Deren kompakte Bauweise wird durch moderne Elektronik ermöglicht, mit der die Frequenz der Wechselspannung von 50 auf 50.000 Hz erhöht wird. Da diese Lampen viermal so hell sind wie gewöhnliche Glühbirnen gleicher Wattzahl, sind sie energiesparender und trotz höherer Anschaffungskosten wirtschaftlicher.

Kraftfahrzeugtechnik

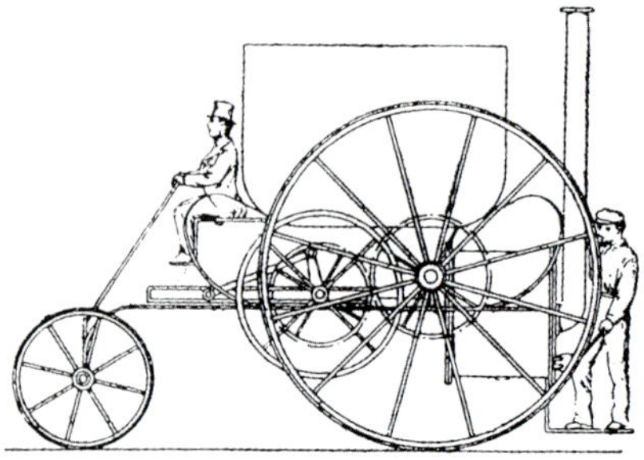

MIT VOLLDAMPF VORAUS
Vor der Erfindung des Autos wurden Dampfeisenbahnen im Personen- und Gütertransport eingesetzt. Bessere Werkstoffe und neue technische Erkenntnisse schufen Mitte des 19. Jh.s die Grundlage für den Bau von dampfbetriebenen Straßenfahrzeugen.

Vor mehr als 100 Jahren rumpelten die ersten „pferdelosen Kutschen“ mit Benzinmotor über die holprigen Landstraßen. Die äußere Form des Autos hat sich seither weniger verändert als sein Innenleben. In den Anfangstagen des Autos verwendete man Dampfmaschinen und Elektromotoren für den Antrieb. Beide hatten gravierende Nachteile: Dampfmaschinen waren schwierig zu starten und Elektromotoren benötigten schwere Batterien. Erst der Verbrennungsmotor (S. 36) – bei dem der Treibstoff innerhalb des Motors verbrannt wird – verhalf dem Automobil zum Durchbruch. Seitdem wurde es ständig weiterentwickelt. Jedes Jahr kommen neue, verbesserte Modelle auf den Markt, das Verkehrsaufkommen steigt ständig und das Straßennetz wird laufend erweitert. In dicht bevölkerten Ländern gibt es dadurch bereits Raumprobleme und auch die Brennstoffreserven werden knapper. Dazu kommt, dass jährlich tausende von Menschen bei Verkehrsunfällen getötet werden und die Autoabgase unsere Umwelt gefährden.

FÜR JEDERMANN
1908 brachte der amerikanische Ingenieur Henry Ford (1863–1947) mit seinem *Modell T* ein Auto auf den Markt, das sich auch Normalbürger leisten konnten. Zwar wurde es noch nicht am Fließband produziert (diese Neuerung führten im Jahr 1912 die Fiatwerke ein), dennoch zahlte sich Fords Strategie aus. Seine einfachen Autos zu erschwinglichen Preisen lösten Automobile wie das oben abgebildete – mit Henry Ford am Steuer – ab.

MIT ALLEM KOMFORT
1992 erschloss sich der japanische Automobilhersteller Toyota mit dem *Lexus* den Markt der Luxusklasse. Die Anordnung von Motor, Getriebe, Passagier- und Kofferraum ist kaum anders als in den 1920er-Jahren. Der Unterschied liegt im Detail. Beim *Lexus* sind der Motor und viele andere Systeme elektronisch gesteuert und das Automatikgetriebe bietet gehobenen Fahrkomfort.

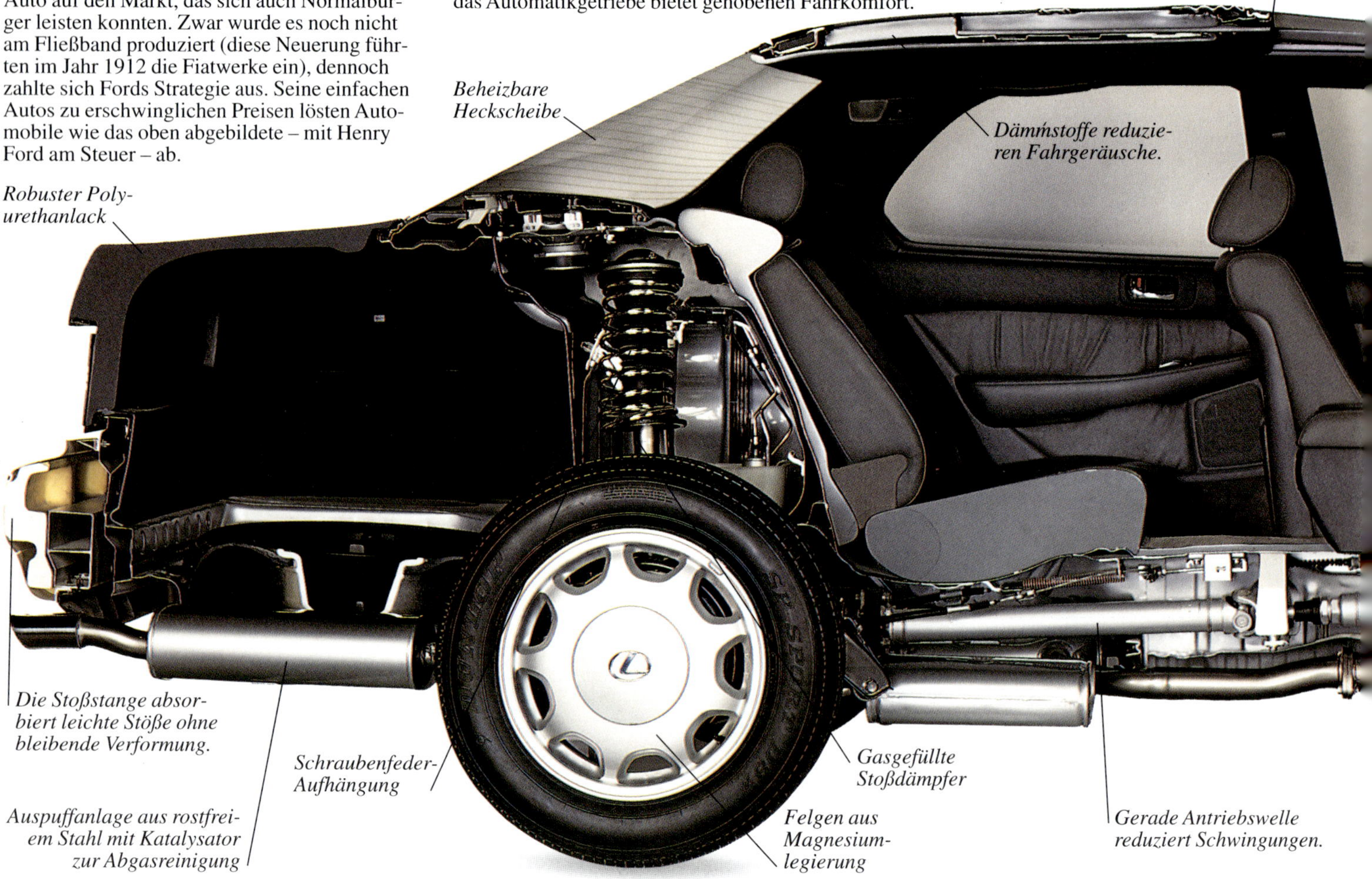

FÜRS AUGE

Von Anfang an spielte im Automobilbau auch die Form eine wichtige Rolle. Heute stellt man von jedem neuen Autotyp bereits in der Planungsphase einige Modelle in Originalgröße her (normalerweise aus Lehm auf einem Holzrahmen) und prüft und korrigiert die Form. Der französische Architekt Le Corbusier (1887–1965) entwarf in den 1920er-Jahren dieses ausgefallene Gefährt. Es kam jedoch nicht über die Entwurfsphase hinaus, obwohl es dem *Citroën 2CV* ähnelt, einem in Frankreich sehr beliebten Auto, dessen Produktion in den 1980er-Jahren eingestellt wurde.

SICHERHEIT WIRD GROSS GESCHRIEBEN

Leider sind Unfälle nicht immer zu vermeiden, aber man kann versuchen ihre Folgen zu begrenzen. Wichtig ist, dass man stets den Sicherheitsgurt anlegt und dass das Auto vorn und hinten Knautschzonen hat, die beim Aufprall einen Teil der Energie absorbieren. Auf dem Prüfstand testet man das Unfallverhalten von Fahrzeugen.

KOLLEGE ROBOTER

Die ersten Autos baute man auf schwere Rahmen (Fahrgestelle). In den 1920er-Jahren wurden selbsttragende Stahlkarosserien entwickelt. Dazu werden Stahlbleche in Form gepresst (S. 11) und zu einer stabilen und dennoch leichten Schale verschweißt, die Motor, Räder und Sitze trägt. Das Schweißen (S. 19) übernehmen heute meist Roboter.

DÜSTERE PERSPEKTIVEN

Autos sind die bei weitem bequemsten und flexibelsten Verkehrsmittel. Die Kehrseite der Medaille sind irreparable Umweltschäden, viele Unfalltote und die zunehmende Zerstörung der Landschaften und Städte durch den Straßenbau.

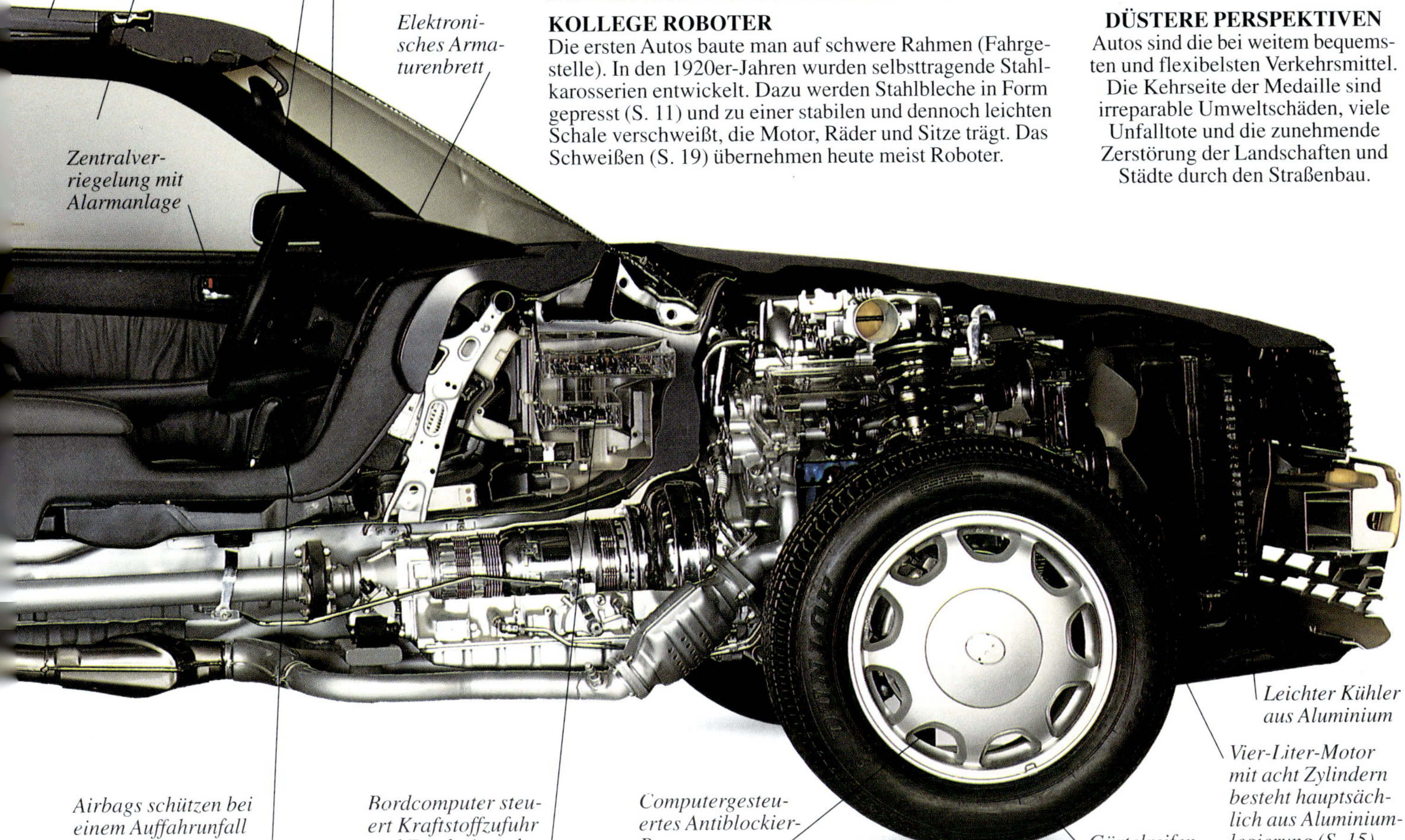

IM MITTELALTER
Nach dem Pflügen wurde das Saatgut weitflächig verteilt. Was aufging und wuchs, erntete man im Sommer mit der Sichel. Düngemittel waren noch unbekannt. Man praktizierte jedoch eine Art Dreifelderwirtschaft, indem man Teile der Anbauflächen im dreijährigen Turnus brachliegen ließ, damit sich der Boden erholen konnte.

Landwirtschaft

Bis vor 10.000 Jahren widmeten die Menschen einen großen Teil ihrer Zeit als Sammler und Jäger dem Nahrungserwerb. Als sie begannen Landwirtschaft zu betreiben, blieb ihnen mehr Zeit zur Entwicklung von Maschinen und anderen Neuerungen. Die Mechanisierung in der Landwirtschaft ging Hand in Hand mit der Industrialisierung. Nach der Erfindung des Pflugs änderte sich lange Zeit wenig, bis im 18. Jahrhundert immer mehr Landarbeiter der besseren Löhne wegen in die Städte zogen, um sich ihren Lebensunterhalt in den neu gegründeten Fabriken (S. 34–35) zu verdienen. Entwicklungen wie die Sämaschine und der Einsatz von Düngemitteln machten es möglich, mit weniger Arbeitsaufwand höhere Erträge zu erzielen. Dies hat zu einem Ungleichgewicht zwischen verschiedenen Regionen der Welt geführt. Länder mit hoch entwickelter Technik produzieren weit mehr Nahrungsmittel, als sie brauchen, während in anderen die Menschen nur dank der Überschüsse reicherer Nationen überleben können, obwohl sie oftmals länger und härter arbeiten als die Menschen in den reichen Ländern.

PFLEGE DES BODENS
Der vor über 4000 Jahren erfundene Pflug ist noch heute in der Landwirtschaft wichtig. Er lockert die oberste Bodenschicht und pflügt dabei Stoppeln und Unkräuter unter. Gleichzeitig verbessert sich dadurch, dass der Boden gewendet wird und dem Einfluss der Witterung ausgesetzt ist, die Bodenstruktur. Moderne, von Traktoren gezogene Pflüge haben bis zu zehn Scharen.

WERKZEUG DES SCHNITTERS
Urformen der Handsichel gab es schon in der Jungsteinzeit und noch heute verwendet man sie in der Landwirtschaft. Die Klinge der abgebildeten Sichel ist industriell aus gehärtetem Stahlblech gefertigt und durch einen Stahldorn mit dem Handgriff verbunden. Früher stellten Schmiede Handsicheln aus einem Stück her.

WOLLE UND FLEISCH
Die Wolle von australischen Schafen wird schon lange in alle Welt exportiert, das leicht verderbliche Fleisch dagegen musste früher an Ort und Stelle verzehrt werden. Überschüsse wurden verbrannt oder in Fabriken zu Seife verarbeitet, wie auf diesem Bild (1868). Erst die Kühltechnik (S. 46) ermöglichte ab Ende des 19. Jh.s den Transport von Fleisch über weite Entfernungen zum Verbraucher.

GRUNDLAGEN
Die moderne Biotechnologie (S. 60–61) hat ihren Ursprung in der Landwirtschaft. So wandeln beim Brauen Mikroorganismen Getreide in Bier um und die Genetik baut auf der Tierzucht auf.

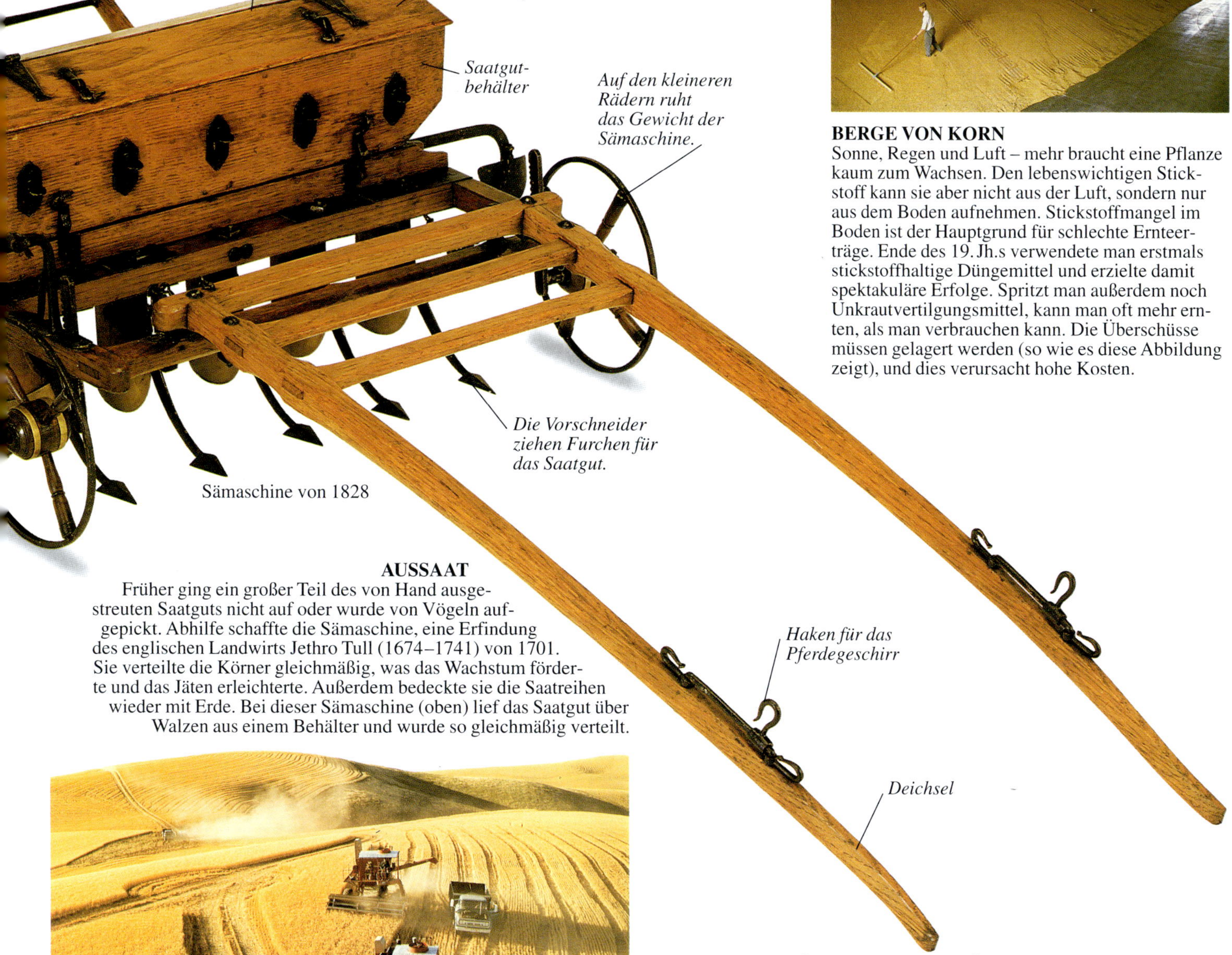

Sämaschine von 1828

BERGE VON KORN
Sonne, Regen und Luft – mehr braucht eine Pflanze kaum zum Wachsen. Den lebenswichtigen Stickstoff kann sie aber nicht aus der Luft, sondern nur aus dem Boden aufnehmen. Stickstoffmangel im Boden ist der Hauptgrund für schlechte Ernteerträge. Ende des 19. Jh.s verwendete man erstmals stickstoffhaltige Düngemittel und erzielte damit spektakuläre Erfolge. Spritzt man außerdem noch Unkrautvertilgungsmittel, kann man oft mehr ernten, als man verbrauchen kann. Die Überschüsse müssen gelagert werden (so wie es diese Abbildung zeigt), und dies verursacht hohe Kosten.

AUSSAAT
Früher ging ein großer Teil des von Hand ausgestreuten Saatguts nicht auf oder wurde von Vögeln aufgepickt. Abhilfe schaffte die Sämaschine, eine Erfindung des englischen Landwirts Jethro Tull (1674–1741) von 1701. Sie verteilte die Körner gleichmäßig, was das Wachstum förderte und das Jäten erleichterte. Außerdem bedeckte sie die Saatreihen wieder mit Erde. Bei dieser Sämaschine (oben) lief das Saatgut über Walzen aus einem Behälter und wurde so gleichmäßig verteilt.

ERNTEZEIT
Der Mähdrescher wurde in Amerika erfunden, wo es vor allem im Mittleren Westen riesige Getreidefelder gibt. Er führt sämtliche bei der Ernte üblichen Arbeitsgänge aus: Das Getreide wird knapp über dem Boden abgeschnitten, die Halme werden von den Ähren getrennt. Letztere gelangen in die Dreschkammer, wo eine Trommel das Korn herausreibt. Wenn die Spreu ausgesiebt und ausgeblasen ist, wird das Korn auf Lastwagen verladen. Die Halme werden zu Strohballen gepresst, die auf dem Feld liegen bleiben und später aufgesammelt werden.

WIE DER MÄHDRESCHER FUNKTIONIERT
Rotierende Haspeln ziehen das Getreide zur Messerstange des Mähbalkens. Über den Kettenförderer gelangt das Getreide in die Maschine. Die Halme werden abgetrennt und zu Ballen gepresst, die Ähren dem Dreschapparat zugeführt. Dort wird das Korn ausgerieben und die Spreu ausgeblasen. Eine Förderschnecke transportiert das Korn auf Lastwagen. In modernen Mähdreschern berechnet ein Computer gleich den Ertrag des Feldes.

Geschmack und Geruch

Geschmack und Geruch verraten uns z.B., ob ein Nahrungsmittel verdorben ist. Mit dem Geruchssinn können wir unsere Umgebung wahrnehmen. Was gut riecht, zieht uns an; Gerüche, die wir als schlecht empfinden, stoßen uns ab. Geruchs- und Geschmacksstoffe kommen nicht nur in der Natur vor, viele lassen sich auch künstlich im Labor erzeugen. Wenn ein Nahrungsmittel schlecht riecht, rührt dies meist daher, dass es von Bakterien abgebaut worden ist. Nahrungsmittel konserviert man schon seit Jahrhunderten durch Einsalzen und Pökeln, allerdings verändert sich dabei auch ihr Geschmack. Dosenkonserven und Tiefkühlkost sind dagegen nicht nur lange haltbar, sondern verändern dabei auch kaum ihren Geschmack.

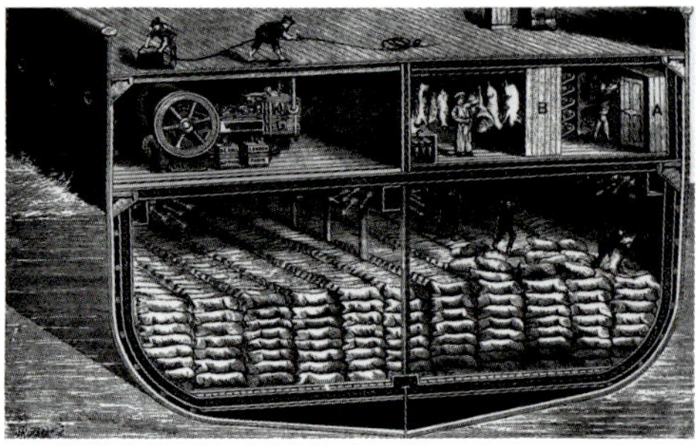

AUS DER KÄLTE
Der Seetransport von Neuseeland nach Europa führt durch die Tropen und dauert Monate. 1881 erreichte erstmals eine Ladung tiefgefrorenes Hammelfleisch England auf dem Seeweg.

So sahen die ersten Getreideflocken aus.

GEWUSST, WIE!
Der amerikanische Jurist Henry Perky (1843–1906), der an chronischen Verdauungsbeschwerden litt, griff 1892 zur Selbsthilfe und entwickelte ein Verfahren, das Weizen leichter verdaulich macht. Die Weizenkörner wurden gekocht, geschrotet, zu Flocken geformt und geröstet.

FRISCHKÄSEZUBEREITUNG
Milch besteht aus Fett und in Wasser verteilten Proteinkügelchen. Wenn sie eindickt, trennen sich diese Bestandteile als feste Masse vom wässrigen Teil, der Molke. Käseteig (Bruch) bildet sich, wenn man Milch durch Zugabe von Bakterien oder Labferment, einem Extrakt aus Kälbermägen, gerinnen lässt. Wegen seines hohen Wassergehalts ist Frischkäse nicht lange haltbar.

Käseteig mit Molke

Als Sieb eignet sich feiner Baumwollstoff.

1 DIE ZUTATEN
Der auf ca. 30 °C erwärmten Milch setzt man eine Starterkultur aus Milchsäurebakterien zu. Diese wandeln durch ihre Stoffwechseltätigkeit den Milchzucker in Milchsäure um. Zugabe von Labferment beschleunigt die Gerinnung. Käseteig und Molke gießt man auf ein Baumwolltuch in einem Behälter.

Der Käseteig wird mit dem Tuch bedeckt.

2 FEST UND FLÜSSIG
Die Molke im Käseteig tritt durch das Tuch aus und der Bruch wird fester. Konsistenz und Geschmack des Käses werden von den Zutaten bestimmt: Milch mit hohem oder niedrigem Fettgehalt, pflanzliches oder tierisches Ferment, wärmere oder kältere Milch – all dies spielt eine Rolle. Lässt man den Käse nicht reifen, erhält man wie in unserem Beispiel Frischkäse.

Die Molke tritt aus; der Käseteig wird fester.

3 GUT VERPACKT
Das Tuch verknotet man zum Beutel. Die austretende Molke kann man wiederverwerten, z.B. als Viehfutter-Zusatz. Bei der Herstellung von Hartkäse wird der Flüssigkeitsaustritt durch Pressen unterstützt, und der Käse wird wochenlang gelagert, damit er reifen und das typische Aroma entwickeln kann.

Der Beutel wird an einem kühlen Ort aufgehängt.

Molke tritt aus.

4 GLEICH FERTIG
Den feuchten Käseteig im Baumwollbeutel lässt man einige Stunden abtropfen, wobei er viel Flüssigkeit verliert. Das Endprodukt ist Frischkäse oder Quark, wie wir ihn auch abgepackt im Supermarkt kaufen können.

EINGEDOST

Der Franzose Nicolas Appert (1749–1841) erfand 1824 die Dosenkonserven. So konnte er Lebensmittel haltbar machen, ohne sie zu trocknen oder ihr Aroma zu verändern.

Nudeln mit Käse

Schokoladenpudding

ASTRONAUTENKOST

Im Weltraum kann man weder von Tellern essen noch aus Tassen trinken, weil dort die Schwerkraft aufgehoben ist. Den Lebensmitteln für die Astronauten wird durch Gefriertrocknen Wasser entzogen. Danach werden sie so verpackt, dass man sie direkt in den Mund drücken kann. Durch Zusatz von Wasser, das bei der Erzeugung von Elektrizität im Raumschiff entsteht, werden sie wieder essbar. Beim Gefriertrocknen wird die Nahrung rasch eingefroren und in ein Vakuum gebracht. Dabei entweicht das gefrorene Wasser, ohne zuvor flüssig zu werden. Das Gewicht reduziert sich hierdurch um 75%. Gefriergetrocknete Lebensmittel behalten ihre Nährstoffe und ihr Aroma und können bei normaler Temperatur aufbewahrt werden.

Brotwürfel

Tomatensuppe

ITALIENISCHE ERFINDUNG

Bakterien gedeihen bei Feuchtigkeit, daher lassen sich Nahrungsmittel durch Trocknen konservieren. Um Nudeln herzustellen, bereitet man einen Teig aus grob gemahlenem Hartweizen und Wasser zu, den man schneidet und trocknet. Trockene Nudeln sind jahrelang haltbar. Vor dem Verzehr gart man sie in kochendem Wasser. Nudelteig kann man auch füllen und zu Ravioli oder Tortellini verarbeiten, die in der Regel frisch gegessen werden.

PULVERKAFFEE

Pulverkaffee wird durch Gefriertrocknen aus aufgebrühtem Kaffeekonzentrat hergestellt.

Geruchssinn

Gerüche können unser Empfinden stark beeinflussen. Auch dieses Gebiet hat sich die Technik erschlossen. Auf chemischem Wege lassen sich künstliche Geruchsstoffe herstellen, die den natürlichen zum Verwechseln ähnlich sind. Mit speziellen Instrumenten kann man den Geruch eines Produkts analysieren und messen.

HEILENDE WIRKUNG

Manche Gerüche verursachen Wohlbehagen, andere bewirken das Gegenteil. In der Aromatherapie werden natürliche Aromen – meist Kräuter- oder Blütenextrakte – einzeln oder kombiniert zur Heilung bestimmter Leiden eingesetzt.

Weihrauch Jasmin Rose Zitronengras Kamille

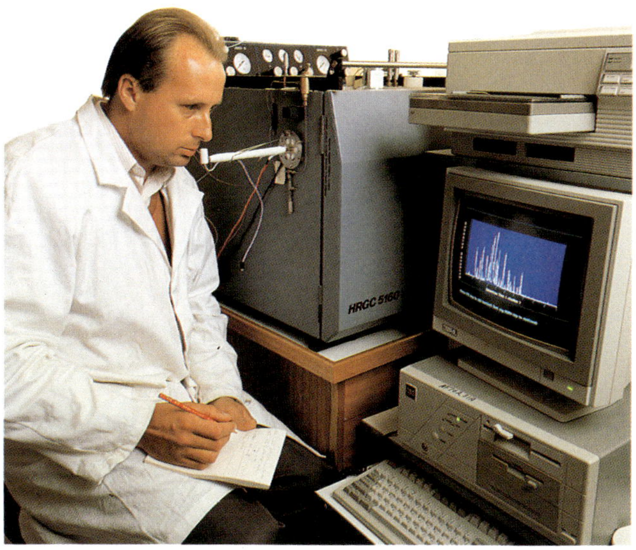

SPÜRNASEN

Wenn man z.B. einen natürlichen Geruch analysieren will, reicht die Nase allein oft nicht aus. In solchen Fällen arbeitet man mit dem Gas-Chromatographen. Ein winziges Tröpfchen der flüchtigen Testsubstanz durchwandert auf einem Trägergas die Trennsäule. Diese ist entweder mit festem Adsorptionsmittel gefüllt oder an der Innenseite mit einer Flüssigkeit beschichtet. Die verschiedenen Geruchsstoffe passieren die Trennsäule unterschiedlich schnell. Dies wird von einem Detektor am anderen Ende registriert und als Chromatogramm ausgedruckt, an dem der Experte die Zusammensetzung der Substanz abliest.

Mentha piperita (Pfefferminze)

„DIE ECHTE FRISCHE“

Minzöle riechen stark aromatisch. Sie werden aus Pflanzen der Gattung *Mentha* gewonnen. Den Geruch und Geschmack von Minze assoziiert man mit Sauberkeit und Frische. Synthetische Pfefferminzessenzen setzt man deshalb nicht nur Zahnpasten zu, sondern in Spuren auch den Klimaanlagen in Supermärkten.

BERUF: SCHREIBER
Bevor Johannes Gutenberg aus Mainz (um 1400–1468) ab 1450 Bücher nach einem neuen Verfahren mit beweglichen Lettern druckte, wurde jedes Buch einzeln von Hand abgeschrieben.

Kommunikation

Ohne Technik sind unsere Kommunikationsmöglichkeiten sehr begrenzt. Das gesprochene Wort hat nur eine geringe Reichweite und das Gedächtnis ist ein unzuverlässiger Speicher. Die Erfindung der Schrift vor etwa 6000 Jahren machte es möglich, Informationen über weite Entfernungen auszutauschen und aufzubewahren. Durch den Buchdruck wurde Geschriebenes ab Mitte des 15. Jahrhunderts einem breiteren Publikum zugänglich. Dann änderte sich gut 400 Jahre lang wenig, bis im 19. Jahrhundert die Elektrizität neue Möglichkeiten der Kommunikation erschloss; mit dem Telefon ließen sich Botschaften in Sekundenschnelle übermitteln. Seitdem ist die Entwicklung rasch fortgeschritten und prägt unseren Alltag heute in so vielerlei Hinsicht, dass wir uns kaum noch vorstellen können, wie die Welt ohne Funk, Fernsehen und Telefon aussah.

SPRACHE DER NATUR
Blütenform und -farbe sind die Kommunikationsmittel einer Pflanze. Damit lockt sie Insekten an, die den Blütenstaub von einer Pflanze zur anderen tragen.

NATÜRLICHES SCHREIBGERÄT
Bevor es Schreibfedern aus Metall gab, benutzte man Federkiele, meist aus den Schwungfedern der Gans. Das untere Ende spitzte man mit dem Federmesser schräg zu oder verwendete eine Art Spitzer, der das mühsame Nachspitzen auf einen Handgriff reduzierte. Die Spitze wurde längs eingeschnitten. Tauchte man das Schreibgerät ins Tintenfass, nahm der hohle Federschaft genug Tinte für ein paar Worte auf.

STAHLFEDERN
Ende des 19. Jh.s fertigte man Schreibfedern aus Stahl. Bis man eine Feder hatte, die sich genauso sanft über das Papier führen ließ wie ein Gänsekiel, musste man viele unterschiedliche Formen ausprobieren. Manche Federn hatten kleine Vorratsbehälter für Tinte, ansonsten unterschied sich die Metallfeder kaum von den zugespitzten Federkielen, die bis dahin verwendet worden waren.

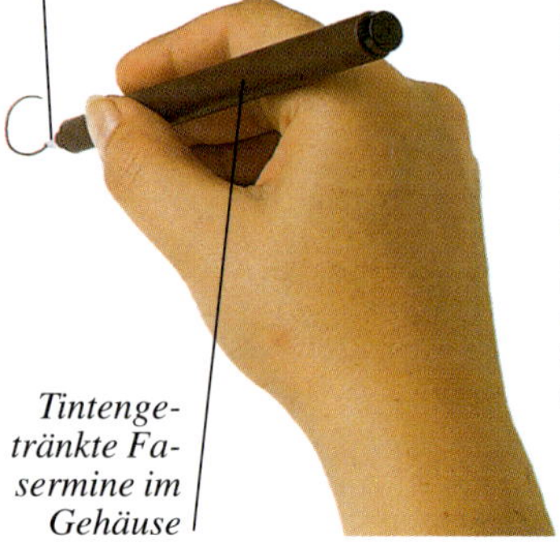

FILZSTIFT
Faser- oder Filzstifte kamen in den 1960er-Jahren aus Japan auf den Markt. Sie bestehen fast nur aus Kunststoffen. Die Mine eines Filzstifts ist aus Nylonfasern, die mit Tinte getränkt sind. Drückt man die Spitze der Mine aufs Papier, fließt aufgrund der Kapillarwirkung Tinte durch die winzigen Zwischenräume zwischen den Einzelfasern nach vorn.

GUT DING WILL WEILE HABEN
Manchmal dauert es lange, bis eine Idee technisch umsetzbar wird. Das Prinzip des Faxgeräts (Kurzwort für „Faksimile" = getreue Wiedergabe einer Vorlage) entwickelte der Schotte Alexander Bain (1810–1877) bereits 1843, lange vor dem Zeitalter der Elektronik (S. 54–55). Doch erst mit dem Mikrochip ließ sich Bains Idee realisieren. Die hoch entwickelte Technik moderner Faxgeräte macht die Übertragung von Bild- und Textinformation über eine Telefonleitung möglich.

Weltweites Netzwerk

In Deutschland stellte der Physiker Johann Philipp Reis (1834–1874) im Jahr 1861 den Prototyp eines Fernsprechers vor. Mit seiner Patentanmeldung für das erste brauchbare Telefon kam der Schotte Alexander Graham Bell (1847–1922) im Jahr 1876 dem Amerikaner Elisha Gray (1835–1901) um nur zwei Stunden zuvor. 1979 wurde in den USA das Mobiltelefon entwickelt; heute kann man von jeder Straßenecke aus Gespräche nach Übersee führen. Möglich wurde dies durch computergestützte Netzwerke, die auch den Austausch von Grafiken und Daten aller Art erlauben. Ein Computer mit Modem und eine Telefonleitung genügen, um an einem Netzwerk wie dem Internet teilzunehmen, das mittlerweile weltweit genutzt wird. Über kommerzielle Netzwerke kann man seine Bankgeschäfte erledigen, medizinischen Rat einholen, Einkäufe tätigen und Fernunterricht nehmen.

DAS FRÄULEIN VOM AMT
Hätte der amerikanische Leichenbestatter Almon B. Strowger (1839–1902) nicht im Jahr 1889 die automatische Telefonzentrale erfunden, wären Aufwand und Kosten für das Herstellen von Verbindungen bald ins Unermessliche gestiegen. Bis dahin war diese Aufgabe manuell bewältigt worden. Die ersten automatischen Telefonzentralen waren lärmende Ungetüme; heute wird das Ganze geräuschlos von Computern erledigt.

Hörmuschel

Antenne sendet und empfängt Funksignale.

Tasten wie beim herkömmlichen Telefon

Das Telefon passt bequem in die Handfläche.

Einklappbares Mikrofon

MOBILITÄT IST GEFRAGT
Noch vor wenigen Jahrzehnten gehörte das Mobiltelefon ins Reich der Science-fiction. Moderne Kunststoffe (S. 26–27), neueste Funk- und Computertechnik, leistungsfähige Batterien und vor allem der Mikrochip (S. 54) ermöglichten seine Entwicklung. Ein flächendeckendes Netz von Funkstationen mit geringer Reichweite sichert die Verbindung des tragbaren Telefons mit einem Computernetzwerk. Damit keine Störungen auftreten, nutzen benachbarte Funkstationen unterschiedliche Frequenzen. Das Mini-Telefon stellt sich sofort auf die entsprechende Frequenz ein, sodass der Kontakt nicht unterbrochen wird.

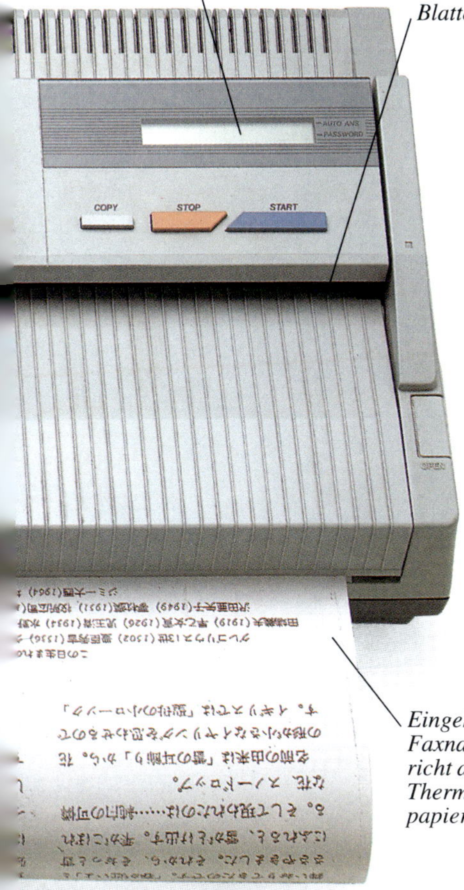

Digitalanzeige

Blatteinzug

Eingehende Faxnachricht auf Thermopapier

VIDEOKONFERENZ
Eine Kommunikationsmöglichkeit, bei der die Partner einander sowohl hören als auch sehen können, strebte man schon zu Zeiten der Erfindung des Telefons an. Doch wie beim Fax war die Vorstellungskraft der Technik weit voraus. Erst Computer und Mikrochips ermöglichten die Umsetzung. Um Übertragungskosten zu sparen, komprimiert man die Bilder mithilfe des Computers. So können weit voneinander entfernte Diskussionspartner per Videokonferenz kommunizieren.

NATÜRLICH KÜNSTLICH
1856 erzeugte William Perkin (1838–1907) den ersten synthetischen Farbstoff. Zuvor färbte man Textilien mit natürlichen Farbstoffen (oben). Bluejeans-Stoff färbt man noch heute mit dem Pflanzenfarbstoff Indigo. Heute werden die meisten Farbstoffe synthetisch auf Kohle- oder Erdölbasis hergestellt.

Die Welt der Farben

Möglicherweise hat sich der Farbensinn des Menschen vor langer Zeit aus der Notwendigkeit heraus entwickelt reife Früchte von unreifen zu unterscheiden. Farben beeinflussen unser Wohlbefinden ebenso wie unsere Kaufentscheidung, wenn wir zwischen vergleichbaren Konkurrenzprodukten auswählen. Die Farbe eines Produkts ist also ein wichtiger Faktor. Auch dieses Gebiet hat sich die Technik erschlossen. Hochwertige Farbstoffe verhindern, dass Kleiderstoffe ausbleichen, und mit neu entwickelten Pigmenten lässt sich nahezu jeder gewünschte Farbton erzielen, z.B. bei Autolacken und Kosmetika. Durch genormte Farbskalen stellt man sicher, dass ein Produkt immer die gleiche Farbe hat, egal ob es gestern oder schon vor einem Monat hergestellt wurde. Dank dieser Normen (S. 30–31) passen selbst zwei auf entgegengesetzten Seiten des Globus hergestellte Komponenten farblich zusammen. Kinofilme, Fernsehen, Fotos und Computerbildschirme – was früher schwarzweiß war, ist heute farbig. Farbe spielt in unserem Leben eine wichtigere Rolle denn je.

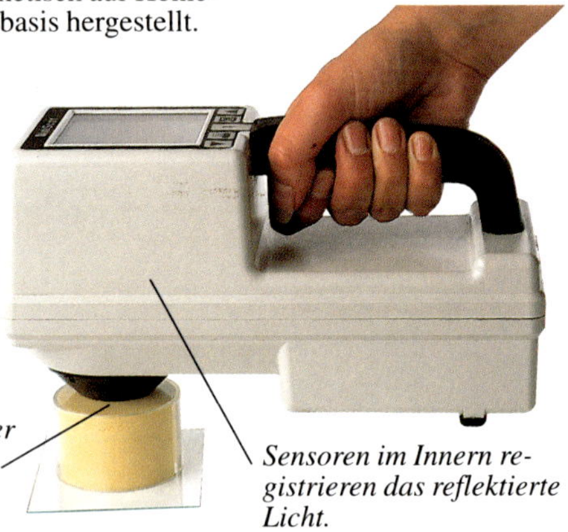

Untersuchung einer Senfprobe

Sensoren im Innern registrieren das reflektierte Licht.

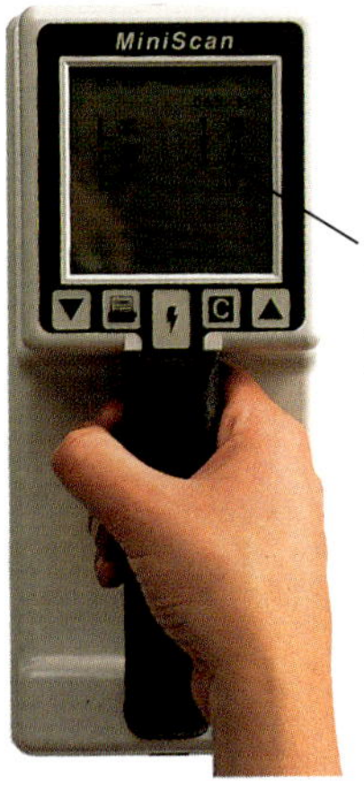

Anhand der Zahlenwerte kann man die Farbe der einzelnen Partien vergleichen.

International gültige Farbzahl

DAS AUGE ISST MIT
Bei Nahrungsmitteln sind die Verbraucher sehr „farbbewusst“. Schon die geringste Abweichung kann dazu führen, dass sie ein Produkt ablehnen. Da Lebensmittel aus natürlichen Zutaten hergestellt werden, kommt es leicht zu Farbunterschieden. Mit einem geeichten Kolorimeter registriert man die Farbe als Zahlenwert und kann durch Vergleich von Proben ermitteln, ob das Produkt die gewünschte Farbe hat.

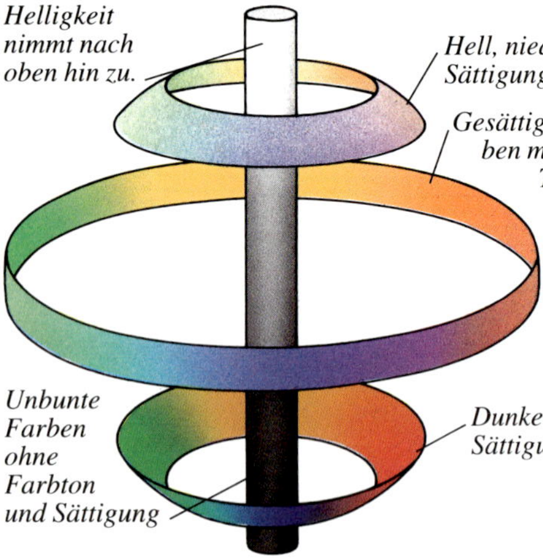

DREIDIMENSIONALE FARBSKALA
Farben klassifiziert man nach Farbton, Sättigung und Helligkeit. Der Farbton entspricht der Stellung im Spektrum (S. 58). Unter Sättigung versteht man die Intensität einer Farbe. Die Helligkeit gibt an, wie hell oder dunkel eine Farbe in Schwarzweiß-Darstellung wirkt.

EINHEITLICH
Aus systematisch angeordneten Farbkarten wählt der Designer die gewünschte Farbe. Die Karte gibt er dem Hersteller als Muster oder nennt ihm die entsprechende Farbzahl. Die Farbe wird dann aus einigen Grundfarben in einem vorgegebenen Mengenverhältnis gemischt. Dabei gelten weltweit die gleichen Normen, damit bei Druckerzeugnissen und anderen Produkten Einheitlichkeit gewährleistet ist.

Schwarz (Rußpartikel)

Veronesergrün (mineralisch)

Gelber Ocker (mineralisch)

Roter Ocker (mineralisch)

Ultramarinblau (pulverisierter Lapislazuli)

Ägyptischblau (ein Kalzium/Kupfer-Silikat)

NATURFARBEN

Farbstoffe und Pigmente färben auf unterschiedliche Weise. Farbstoffe lassen sich in Flüssigkeit lösen und heften sich als Moleküle an das zu färbende Material. Pigmente (oben und links) sind winzige Partikel einer farbgebenden Substanz, die man z.B. Lacken oder Kunststoffen zusetzt (S. 26). Mineralische Pigmente erhält man durch das Zermahlen von Gestein.

ÖLFARBEN

Ölfarben kennt man seit dem 15. Jh. Ursprünglich stellte man sie aus Leinöl her, das durch Pressen von Leinsamen der Flachspflanze gewonnen wird. Man kochte es und verdünnte es mit Terpentin. Leinöl bildet mit dem Luftsauerstoff eine zähe Schicht. Moderne Ölfarben enthalten Kunstharze, die auf Erdölbasis hergestellt werden. Ölfarben verwenden nicht nur Künstler. Bei Gegenständen aus Metall, z.B. dieser Ankerkette, verhindert ein Anstrich mit Ölfarbe die Rostbildung.

ACRYLFARBEN

Acrylfarben bestehen aus winzigen Tröpfchen Acrylkunststoff (S. 26–27), die zusammen mit Pigmenten fein in Wasser verteilt sind. Wenn nach dem Auftragen das Wasser verdunstet, schließen sich die Tröpfchen zu einer wasserundurchlässigen Schicht zusammen.

Rote Acrylfarbe

Gelbe Acrylfarbe

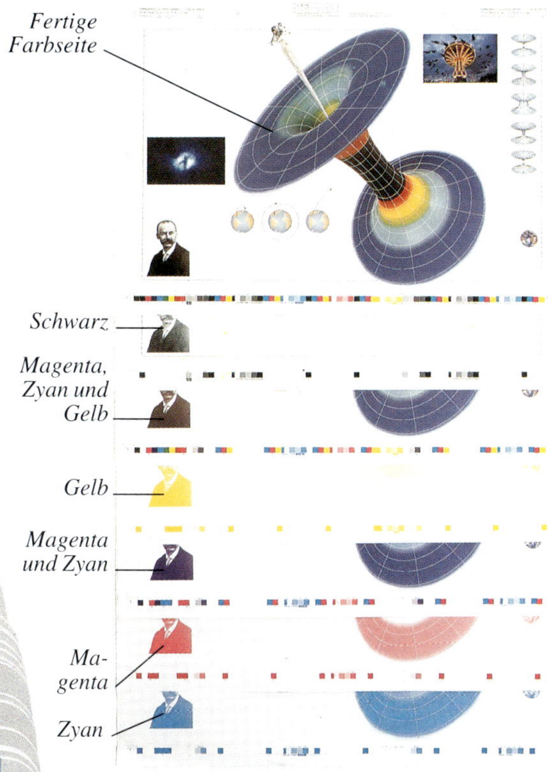

FARBDRUCK

Beim Vierfarbendruck verwendet man Zyan (Blaugrün), Magenta (Purpur) und Gelb, die rotes, grünes bzw. blaues Licht absorbieren, und Schwarz als Kontrastfarbe. Das Original wird viermal mit verschiedenen Farbfiltern reproduziert und die vier Farbauszüge werden mit transparenten Farben übereinander gedruckt.

Formgebung

Erfinder erarbeiten ein neues Prinzip und denken erst in zweiter Linie an den praktischen Einsatz. Bei Designern (im technischen Bereich nennt man sie Konstrukteure) ist es umgekehrt: Sie nutzen vorhandene Technik, um ein Produkt für einen vorgegebenen Zweck zu entwickeln. Die Grenze ist oft fließend: Konstrukteure erfinden manchmal tatsächlich etwas, während mancher Möchtegern-Erfinder Altbekanntes im neuen Gewand präsentiert.

Konstrukteure entwerfen anhand wissenschaftlicher Methoden und Berechnungen Brücken, Autos und Computer. Produktdesigner gestalten industrielle Erzeugnisse bedienerfreundlich und ästhetisch. Modedesigner entwerfen mit viel Gespür und Marktkenntnis kurzlebige Trendware. Konstrukteure und Designer arbeiten meist unter hohem Kosten- und Termindruck im Team zusammen, wobei jeder Einzelne sein Spezialgebiet bearbeitet.

KLEIN UND PRAKTISCH
Anders als im 19. Jh. hat man heute kleine, praktisch eingerichtete Küchen, die für Familien ohne Dienstboten entworfen sind.

DAS DESIGN …
In den 1950er-Jahren eroberten Haushaltsmaschinen die Küche. Dass sie ursprünglich für Industriezwecke entworfen waren, sah man den frühen Modellen noch an. Der Mixer auf dem Bild oben ist aus Gusseisen und rostfreiem Stahl; seine Bedienungselemente wirken sehr technisch. Die einzigen Zugeständnisse an den Hausgebrauch sind die kleinere Ausführung, die rote Lackierung und das werbewirksam platzierte Herstellerlogo.

… ÄNDERT SICH
In den 1950er-Jahren bekam der Designer meist einen Entwurf vorgesetzt, um ihn etwas gefälliger zu machen. Das Resultat waren unattraktive, teure Produkte. In den 1960er-Jahren begannen Techniker und Designer zusammenzuarbeiten. Seitdem entstehen weitaus attraktivere Produkte. Der Küchenmixer rechts (1992) ist vom selben Hersteller wie der oben abgebildete. Sein leichtes Gehäuse ist aus einer Legierung im Druckgussverfahren gefertigt (S. 16–17). Er ist einfach zu bedienen und leicht zu reinigen. Die Sicherheit wurde verbessert und die Motorleistung wird elektronisch gesteuert.

KLUGER KOPF

Der britische Ingenieur John Smeaton (1724–1792) befasste sich schon früh mit Gestaltungsfragen. Für einen Leuchtturm verwendete er mit großem Erfolg die Form eines Baumstamms.

Gebäude aus dem 19. Jh.

Stahlskelett

REALTY BUILDING, CHICAGO/USA *links*
Als es Ende des 19. Jh.s möglich wurde, hohe Gebäude in Stahlbauweise zu errichten, konnte man in den Städten noch mehr Menschen auf engstem Raum unterbringen. Der Architekt dieses Hochhauses (1898) verkleidete das Stahlskelett mit einer schmückenden Fassade und trug damit dem Zeitgeschmack Rechnung. Erst in den 1930er-Jahren entstanden Gebäude, deren Stahlkonstruktion von außen sichtbar war.

MODELL UND WIRKLICHKEIT

Architekten und Stadtplaner haben die schwierige Aufgabe neuen Lebens- und Arbeitsraum für Menschen zu schaffen. Dafür bauen sie zunächst maßstabsgetreue Modelle (rechts). Dennoch klappt nicht immer alles reibungslos. Oft dauert es viele Jahre, bis große Baukomplexe ihren Zweck optimal erfüllen.

Umgebende Landschaft

Gebäude

Krankenhausanlage im Modell

IM WINDKANAL

Heutzutage sind schnelle Autos mit günstigem Verbrauch gefragt. Im Windkanal testet man die aerodynamischen Eigenschaften an Modellen in Originalgröße. Mit etwas Rauch kann man die Strömungslinien sichtbar machen. Auch Flugzeuge und Brücken werden im Windkanal geprüft.

Triebwerk

TESTLAUF

Links ist der Prototyp eines neuen Strahltriebwerks auf dem Prüfstand zu sehen. Eine Reihe von Mikrofonen registriert die Motorgeräusche, die dann am Computer ausgewertet werden. Außer dem Lärmpegel werden Drehzahl, Betriebstemperatur und auftretende Schwingungen untersucht. Im Betrieb kann es zu Fehlfunktionen kommen, die bei der Planung nicht vorherzusehen waren und die behoben werden müssen, bevor das Triebwerk in Flugzeuge eingebaut wird.

Am dreidimensionalen Bildschirmmodell wird die Passgenauigkeit der Einzelteile geprüft.

Zweidimensionale Darstellung eines Netzwerks

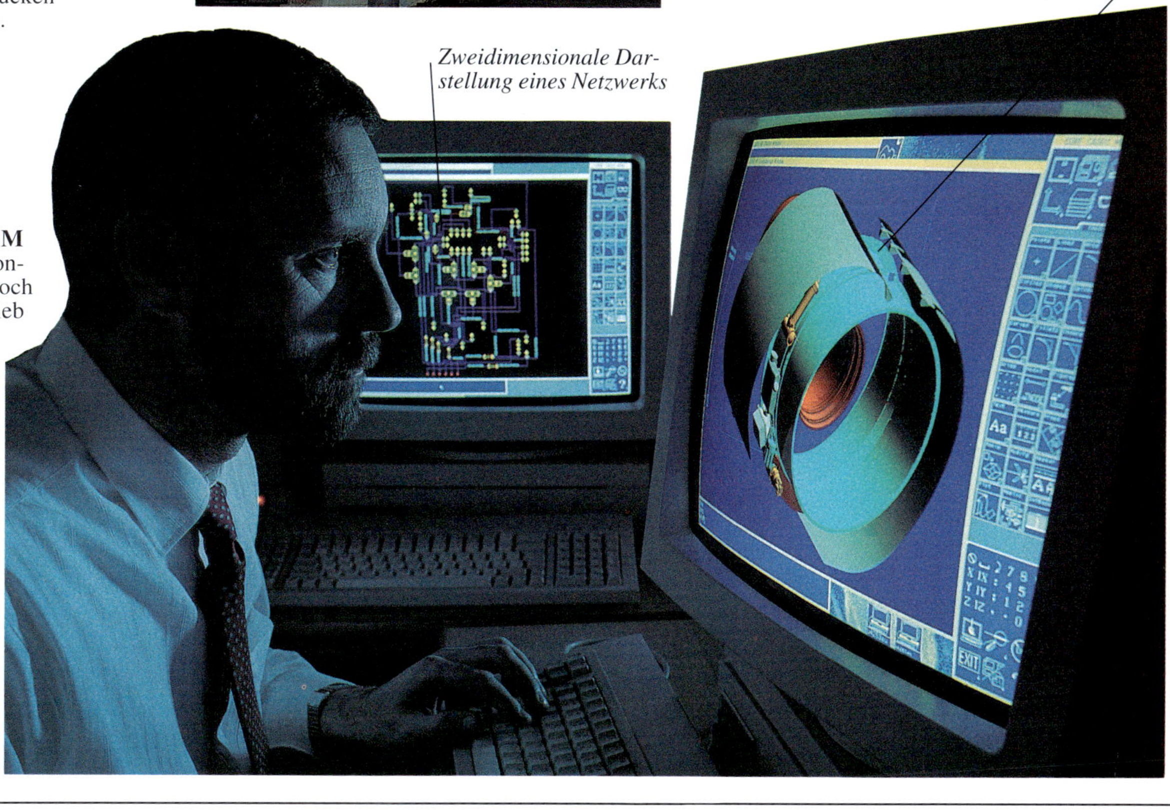

CAD UND CAM

Vor 30 Jahren hatten die Konstrukteure weder Computer noch Taschenrechner. Manches blieb ungelöst, weil die erforderlichen Berechnungen zu aufwändig waren. Rechnergestützte Konstruktion (*computer-aided design*, CAD) macht es möglich, dass man heute die Einzelteile eines Produkts am Bildschirm – dreidimensional und in Farbe – betrachten, prüfen und, wenn nötig, ändern kann. Wenn die Konstruktion des Produkts abgeschlossen ist, werden die Daten direkt an die computergestützte Fertigung (*computer-aided manufacture*, CAM) weitergegeben.

Elektronik

Die Elektronik ist ein relativ neuer Bereich der Technik. Transistoren, die wichtigsten Bauelemente von Mikrochips, wurden erstmals 1947 hergestellt, und den Mikrochip selbst als Grundlage der modernen Elektronik gibt es seit 1962. Charakteristisch für elektronische Geräte sind Bauteile, die bewirken, dass sich die Elektrizität sozusagen selbst steuert. Eine elektronische Schaltung wird, anders als ein Lichtschalter, nicht von Hand, sondern durch Elektrizität „bedient“. Die unzähligen auf einem einzigen Chip untergebrachten Transistoren beeinflussen sich gegenseitig, wobei in komplexen Abfolgen von Operationen Elektrizitätsmuster erzeugt und ineinander umgewandelt werden. Die Elektronik entwickelt sich mit enormer Geschwindigkeit, wobei sie selbst die Grundlage für diesen rasanten Fortschritt bildet. So entwickelt man z.B. mithilfe von Computern neue Computer, die daher heute vieltausendfach leistungsfähiger sind als vor 50 Jahren.

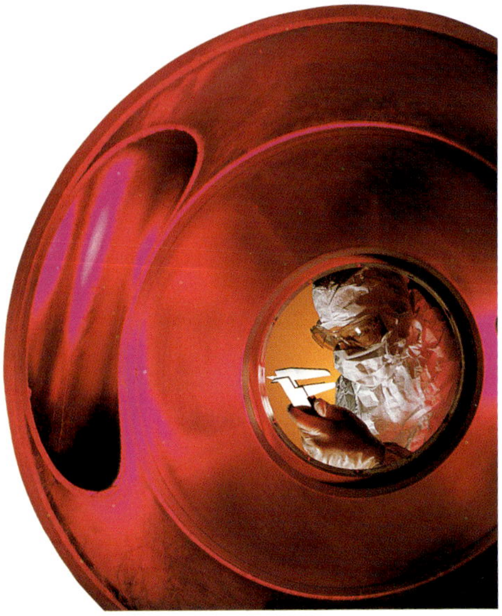

ROHSTOFF SILIZIUM
Um Chips herzustellen, setzt man ultrareinem Silizium Fremdstoffe zu und erzeugt so Strukturen, die den Stromfluss steuern. Oben prüft ein Techniker die Vakuumkammer, in der die Chips hergestellt werden.

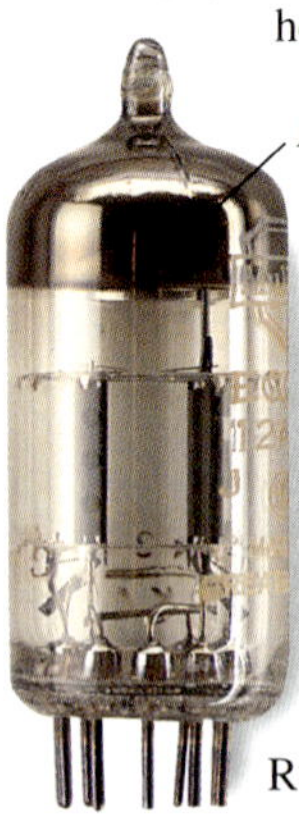

Röhre ist evakuiert.

Röhre (1950er-Jahre)

DIE ERSTEN RÖHREN
1904 entdeckte man, dass die von erhitzten Drähten abgegebenen Elektronen sich zur Steuerung elektrischer Stromkreise nutzen lassen. 1906 fand der amerikanische Physiker Lee De Forest (1873–1961) eine Möglichkeit, die Elektronen elektrisch zu steuern, und baute die erste Elektronenröhre.

Metallöse leitet Wärme ab.

Anschlussleitungen

TRANSISTOREN
Wie Röhren steuern auch Transistoren den Elektronenfluss, allerdings bewegen sich die Elektronen dabei in einem Feststoff. Transistoren sind kleiner und billiger als Röhren. Einzelne Transistoren steuern z.B. Motoren. Da sie durch gezielte Veränderung eines einzigen Materials (Silizium) hergestellt werden, können tausende davon auf einem einzigen Chip untergebracht werden.

VERGRÖSSERTER MIKROCHIP
Der Mikrochip revolutionierte die Elektronik. 1958 wurde der erste „Versuchschip“ gebaut. Anfangs hatten die Chips nur ein paar dutzend Transistoren, heute kann man über 1 Mio. auf einem Chip unterbringen.

Der Arm bewegt sich zur richtigen Spur, um eine gewünschte Information zu lesen.

Der Schreib/Lese-Kopf wird von Befehlen gesteuert, die auf der Festplatte gespeichert sind.

Spurwahl-Mechanik

Die Scheibe ist magnetisch beschichtet.

FESTPLATTE
Die Leistungsfähigkeit von Computern beruht auf ihrer Fähigkeit Informationen und Befehle zu speichern. Müsste man dies von Hand erledigen, wäre der Computer nur so schnell wie sein Bediener. Computer enthalten schnelle elektronische Speicher (RAM) für die momentan benötigten Daten. Für die langfristige Speicherung eignen sich Festplatten (links) besser. Sie sind langsamer, aber auch erheblich billiger. Die darauf gespeicherten Daten gehen beim Ausschalten nicht verloren und sind jederzeit abrufbar.

SIMULATION AM COMPUTER

Designer und Konstrukteure (S. 52–53) nutzen heute modernste Computertechnik, die weitaus schneller und leistungsfähiger ist als herkömmliche PCs. Mit enormer Geschwindigkeit werden Berechnungen in Grafiken umgesetzt. Um das Bild rechts zu erzeugen (die Luftströmung um eine Raumsonde beim Wiedereintritt in die Erdatmosphäre), waren komplexe Rechenoperationen nötig, für die man ohne technische Hilfsmittel Jahre brauchen würde. Am Bildschirm kann man den Entwurf so lange verändern, bis er die Anforderungen optimal erfüllt.

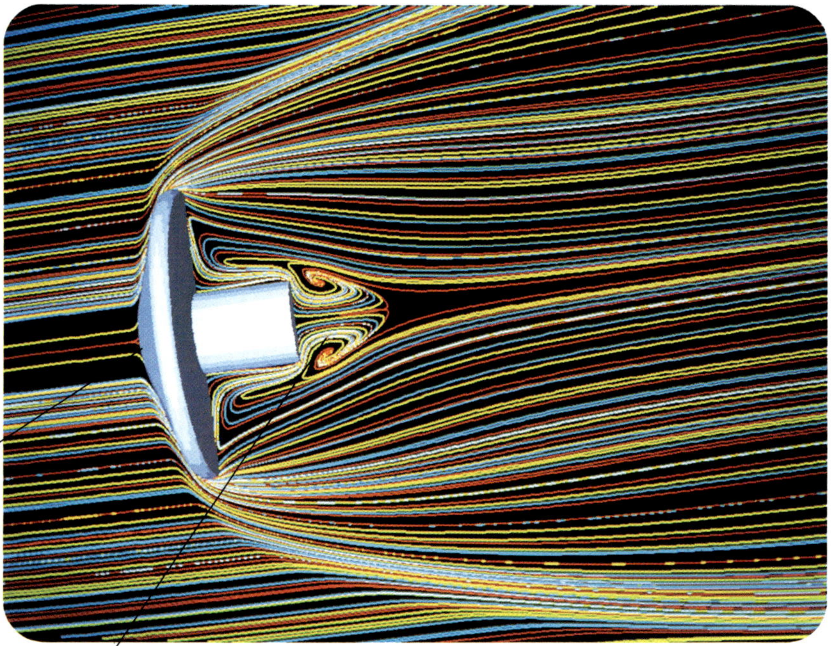

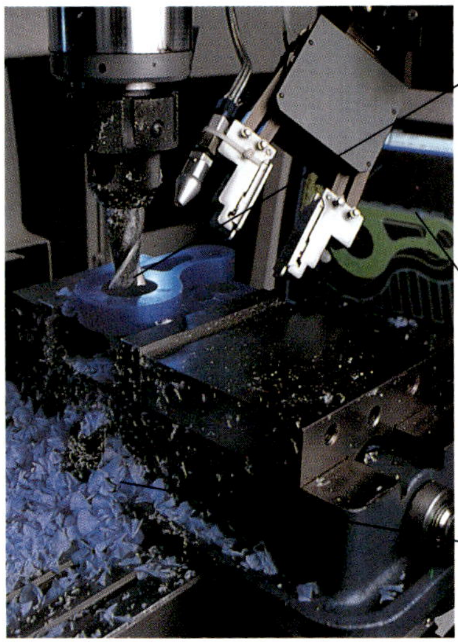

SCHNELL UND EXAKT

Früher erstellten Konstrukteure in tagelanger Arbeit Zeichnungen und Berechnungen, nach denen das Produkt in Handarbeit aus Metall gefertigt wurde. Heute formen computergesteuerte Maschinen anhand der Konstruktionsdaten jedes beliebige Teil aus Kunststoff.

FERNE WELTEN GANZ NAH

Computer ermöglichen nicht nur die für Raumflüge nötigen Berechnungen, sie sichern auch den Kontakt mit dem Flugkörper, steuern ihn und erlauben die Auswertung der von Sonden gemachten Aufnahmen. Die Einzelbilder werden in kodierter Form zur Erde gefunkt, wo sie am Computer vergrößert und zu einer Gesamtansicht zusammengesetzt werden. Das Bild rechts zeigt den Jupitermond Io, den die *Voyager*-Raumsonde 1979 aufnahm.

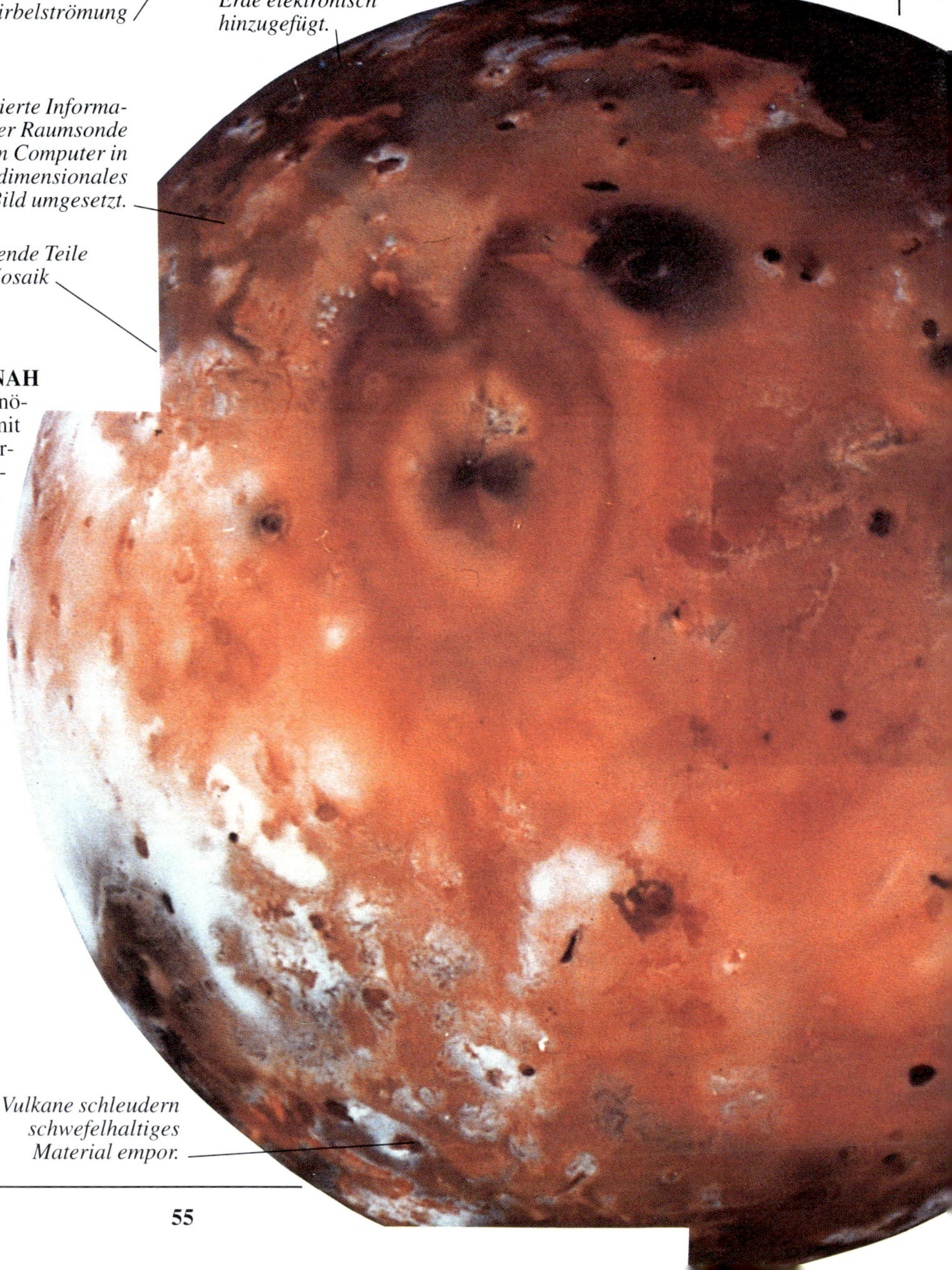

AN VORDERSTER FRONT

Die Elektronik hat auch die Berichterstattung im Fernsehen grundlegend verändert. Leichte Fernsehkameras und Videotechnik machen es möglich, dass wir heute das Geschehen auf der ganzen Welt verfolgen können (wie hier an einem Kriegsschauplatz im Libanon in den 1980er-Jahren).

Medizin

Früher nahm man Krankheit und Tod als gegeben hin. Fortschritte in den Naturwissenschaften und in der Medizin führten dazu, dass wir den menschlichen Körper heute als komplizierte Maschinerie betrachten, die man reparieren kann. Auch wenn die moderne Apparatemedizin ihre Schattenseiten hat, ist sie doch allemal angenehmer als die barbarischen Methoden vor 150 Jahren. Insbesondere in der Diagnostik brachte die Technik enorme Fortschritte und auch in der Chirurgie und der Anästhesie steht eine Vielzahl neuer technischer Hilfsmittel zur Verfügung. Heute haben die Ärzte Möglichkeiten, ins Körperinnere zu sehen, ohne auch nur die Haut des Patienten zu ritzen, sie können Operationen durchführen, ohne dass entstellende Narben bleiben, und ganze Organe wie Nieren oder Herzen verpflanzen.

EINEN NOBELPREIS WERT
Der australische Pathologe Howard Florey (1898–1968) stellte 1939 erstmals reines Penicillin her. Alexander Fleming (1881–1955) hatte dieses Antibiotikum elf Jahre zuvor entdeckt.

HARTE KNOCHEN
Mit einer solchen Knochensäge zertrennten römische Chirurgen vor 2000 Jahren Knochen, wenn sie Glieder amputierten. Hygienemaßnahmen und Narkosemittel waren damals unbekannt.

Am Sägeblatt war ein Holzgriff angebracht.

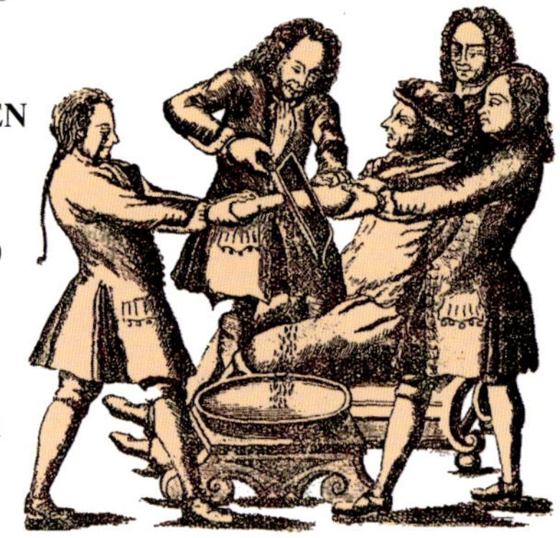

RISKANTE METHODEN
Wahrscheinlich wusch sich dieser Chirurg aus dem 18. Jh. erst nach der Amputation die Hände. Selbst wenn der Patient die Operation überlebte, starb er meist an der nachfolgenden Infektion. Die Narkose zum Stillen von Schmerzen kam erst ab Mitte des 19. Jh.s auf, antiseptische Substanzen zum Abtöten von Keimen noch später.

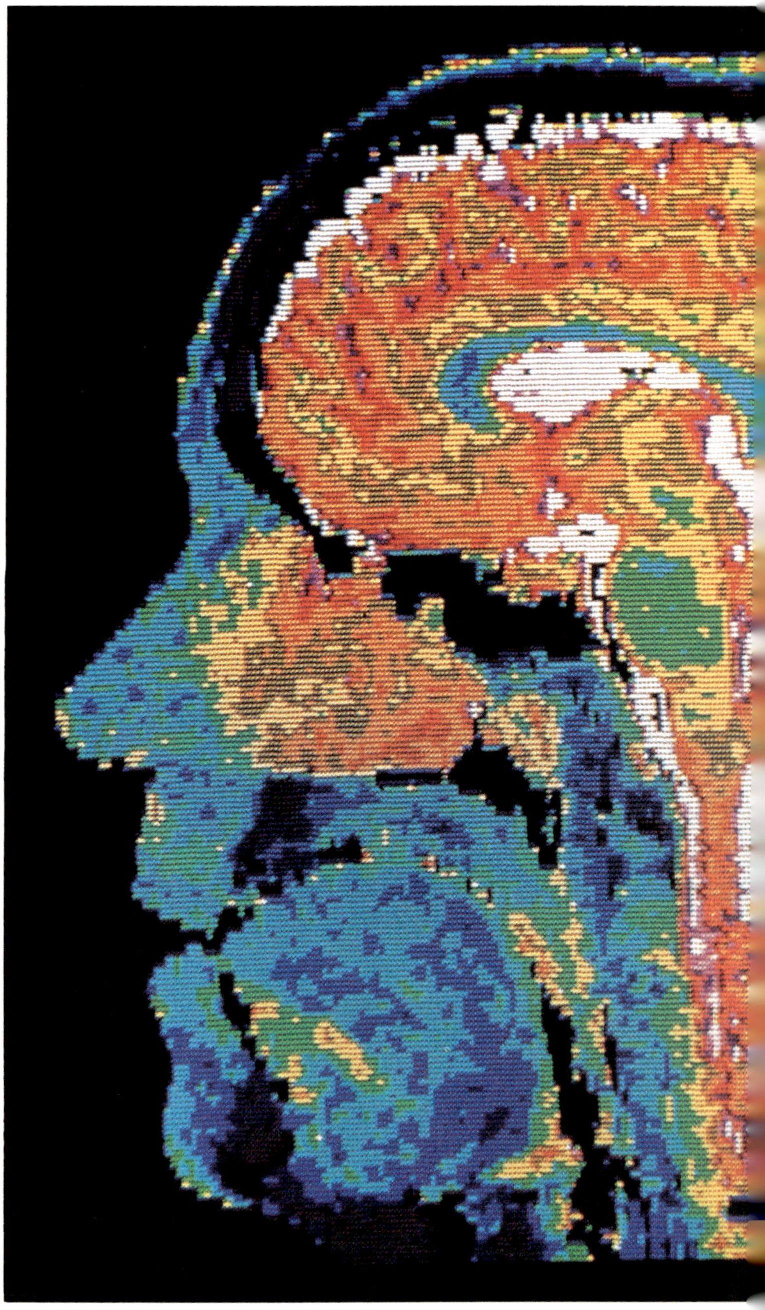

ADERLASS
Lange glaubte man, Fieberkrankheiten entstünden durch zu viel Blut im Körper, und entzog deshalb dem Körper Blut, indem man Blutegel ansetzte. Chemische Substanzen in deren Speichel machen das Blut dünnflüssig, außerdem enthält er ein Anästhetikum, sodass man den Biss nicht spürt. Vor etwa 60 Jahren waren Blutegel aus der Therapie verschwunden. Heute kommt man wieder auf sie zurück und nutzt ihre Fähigkeit, das Blut dünnflüssiger zu machen, nach Operationen zur Vermeidung von Thrombosen.

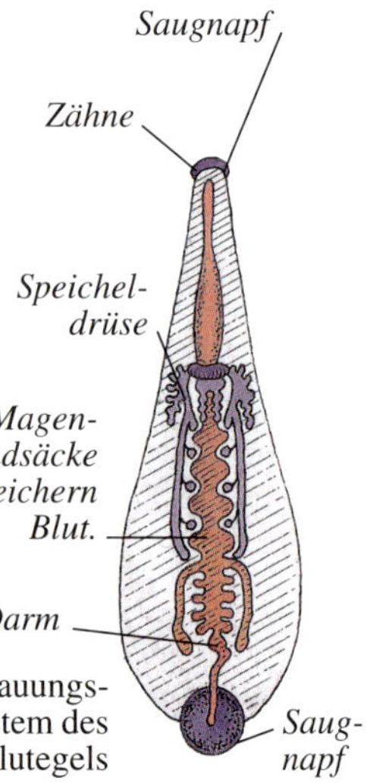

Verdauungssystem des Blutegels

RÖNTGENBILDER

1895 entdeckte der Physiker Wilhelm Röntgen (1845–1923) die Röntgenstrahlen. Sie durchdringen weiches Körpergewebe, nicht aber Knochen und Metall. Fallen sie durch den Körper auf eine Filmplatte, wird dort ein Bild des Körperinneren erkennbar. Röntgenstrahlen werden u.a. zur Diagnose von Knochenbrüchen und Krebserkrankungen eingesetzt.

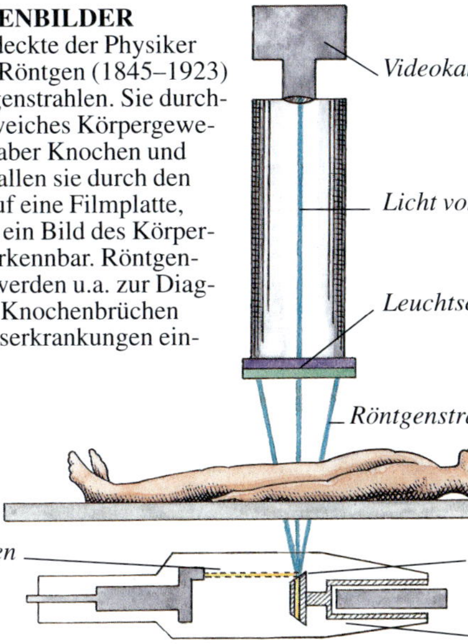

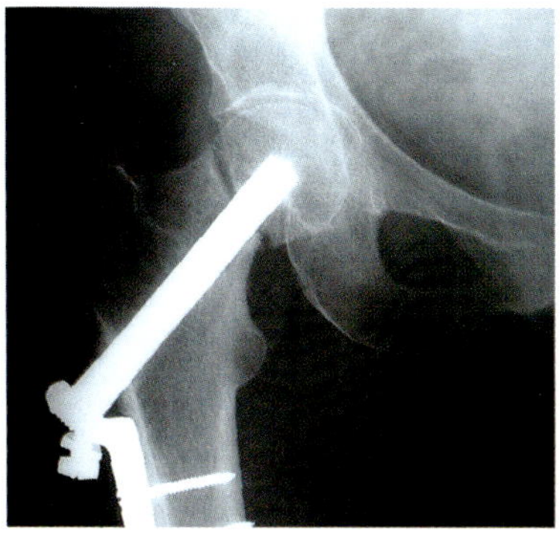

KEIN PROBLEM

Knochen sind ein sehr widerstandsfähiges „natürliches Verbundmaterial" (S. 28–29). Bei alten Menschen sind sie jedoch vielfach spröde und bei einem Sturz kann der Kopf des Oberschenkelknochens abbrechen. Das Röntgenbild zeigt, wie man ihn heute mit Titan oder rostfreiem Stahl in einer Routineoperation wieder befestigt.

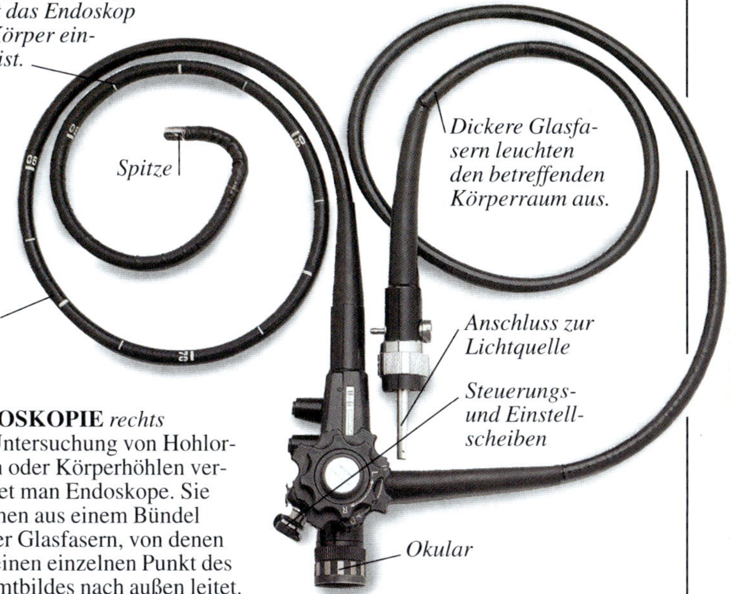

ENDOSKOPIE *rechts*

Zur Untersuchung von Hohlorganen oder Körperhöhlen verwendet man Endoskope. Sie bestehen aus einem Bündel dünner Glasfasern, von denen jede einen einzelnen Punkt des Gesamtbildes nach außen leitet.

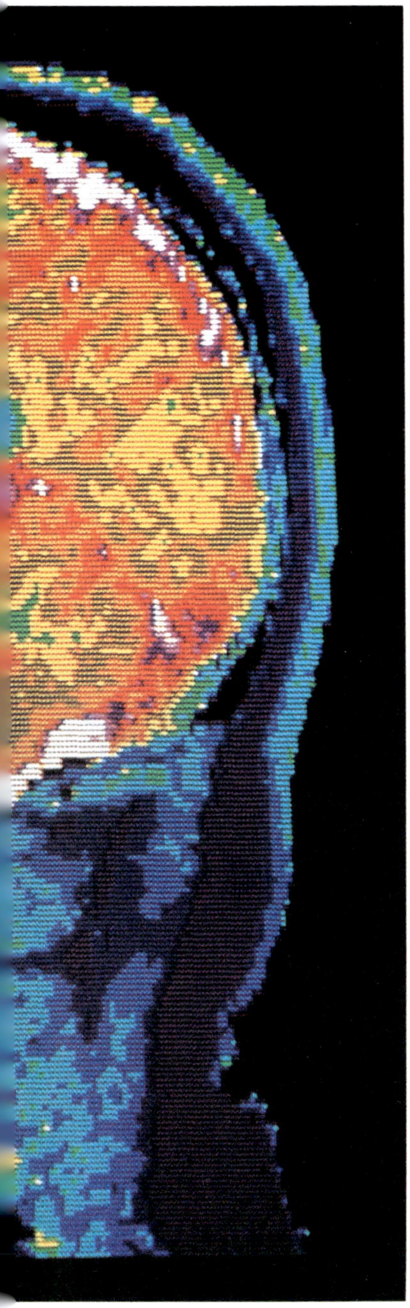

SCHEIBCHENWEISE

Der britische Ingenieur Godfrey Hounsfield (geb. 1919) entwickelte die Computertomographie. Dabei fallen Röntgenstrahlen aus vielen Richtungen durch den Körper. Aus allen Aufnahmen errechnet der Computer ein Schichtbild des Körpers.

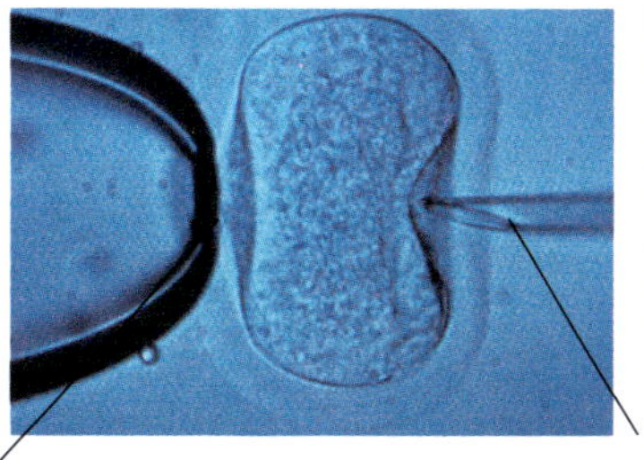

Eine Glasröhre hält die Eizelle fest.

Injektionsnadel mit Samenzelle

IN-VITRO-FERTILISATION

Kinderlosigkeit ist heute kein unabänderliches Schicksal mehr. Bei der In-vitro-Besamung (links) wird im Reagenzglas eine Samenzelle in eine Eizelle injiziert. Das Ei wird dann in die Gebärmutter der Frau eingepflanzt.

SCHMERZLOSER SCHNITT

Die NMR-Tomographie (*nuclear magnetic resonance*) wurde Ende der 1970er-Jahre entwickelt. Bei ihr werden die magnetischen Eigenschaften der Atomkerne im Körper mit unschädlichen Radiowellen abgetastet. Aus den Ergebnissen kann man die Art der Atome und ihre Konzentration an beliebigen Stellen im Körper ermitteln. Ein Computer wertet die Daten aus und errechnet daraus ein dreidimensionales Bild des Körperinneren. Die NMR-Tomographie ist eine wertvolle Ergänzung zu Röntgenaufnahmen, mit der auch empfindliche Organe gefahrlos untersucht werden können. Die Abbildung zeigt die Strukturen im Gehirn eines Patienten.

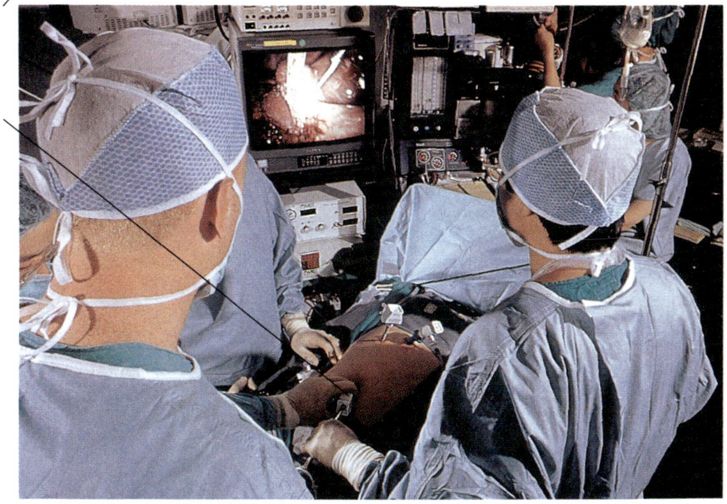

Eine Mini-Kamera auf einem Bauchhöhlen-Endoskop (Laparoskop) dirigiert den Laser zur gewünschten Stelle.

MINIMAL-INVASIVE CHIRURGIE

Das Aufschneiden des Körpers, die Schmerzen und der langsame Heilungsprozess schwächen die Patienten oft mehr als die Operation selbst. Bei der minimal-invasiven Chirurgie, die mit hochauflösenden Kameras und Lasern arbeitet, reicht oft ein winziger Schnitt, der rasch verheilt.

Vom Nutzen der Technik

FÄLSCHUNGSSICHER
Gedrucktes und Geprägtes kann nachgemacht werden. Für ein Hologramm dagegen brauchen Fälscher nicht nur teure Geräte, sondern auch das Originalmotiv.

Oft ergeben sich für eine Entdeckung erst später sinnvolle Anwendungsmöglichkeiten. So waren die Grundlagen der Lasertechnik bereits 1917 bekannt, doch erst ab 1960 konnten Laser praktisch eingesetzt werden, u.a. zum Nachweis der Gültigkeit von Atomtheorien. Innerhalb der folgenden zehn Jahre kamen zahlreiche weitere Nutzungsmöglichkeiten dazu: z.B. als Lichtquelle in der Holographie (deren theoretische Grundlagen übrigens auch schon seit 1948 bekannt waren) und in der Laserchirurgie. Auch die von Wilhelm Herschel (1738–1822) im Jahr 1800 entdeckte Infrarotstrahlung schien anfangs ohne praktische Bedeutung zu sein. Anwendungsmöglichkeiten ergaben sich erst später. So kann man mit dieser Strahlung Wärmebilder erzeugen, sie spielt eine wichtige Rolle in der Astronomie und nicht zuletzt auch in unserem Alltag, z.B. als Infrarot-Laser im CD-Spieler und in der Fernbedienung von Fernseh- und anderen Wiedergabegeräten.

TEILCHENTHEORIE
Isaac Newtons (1643–1727) Theorie, dass Licht aus winzigen Teilchen besteht, setzte sich zu seinen Lebzeiten nicht durch. Heute ist die Vorstellung von Lichtteilchen (Photonen) die Grundlage der Laser.

GEISTERBILDER
Ein Hologramm wird mit Laserlicht aufgenommen. Es entsteht durch zwei interferierende Lichtwellen. Der Betrachter sieht das Objekt dreidimensional (hier ein Modell des Pariser Wissenschaftsmuseums La Villette). Wenn er sich bewegt, hat er den Eindruck, als ginge er um das Objekt herum.

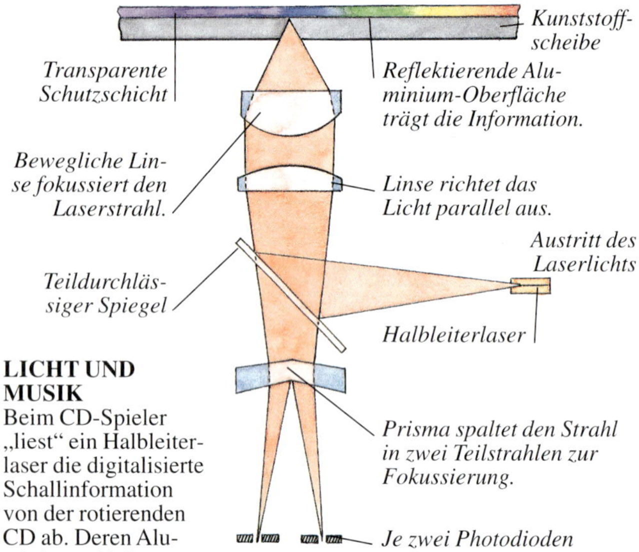

LICHT UND MUSIK
Beim CD-Spieler „liest“ ein Halbleiterlaser die digitalisierte Schallinformation von der rotierenden CD ab. Deren Aluminiumschicht reflektiert das Licht. Je nachdem, ob der Laser auf ein Pit (S. 26) oder auf die Spuroberfläche trifft, ändert sich die Lichtintensität. Vier Photodioden registrieren das reflektierte Licht und wandeln es in ein elektrisches Signal um. Der Laser wird so fokussiert, dass auf jede Diode gleich viel Licht fällt.

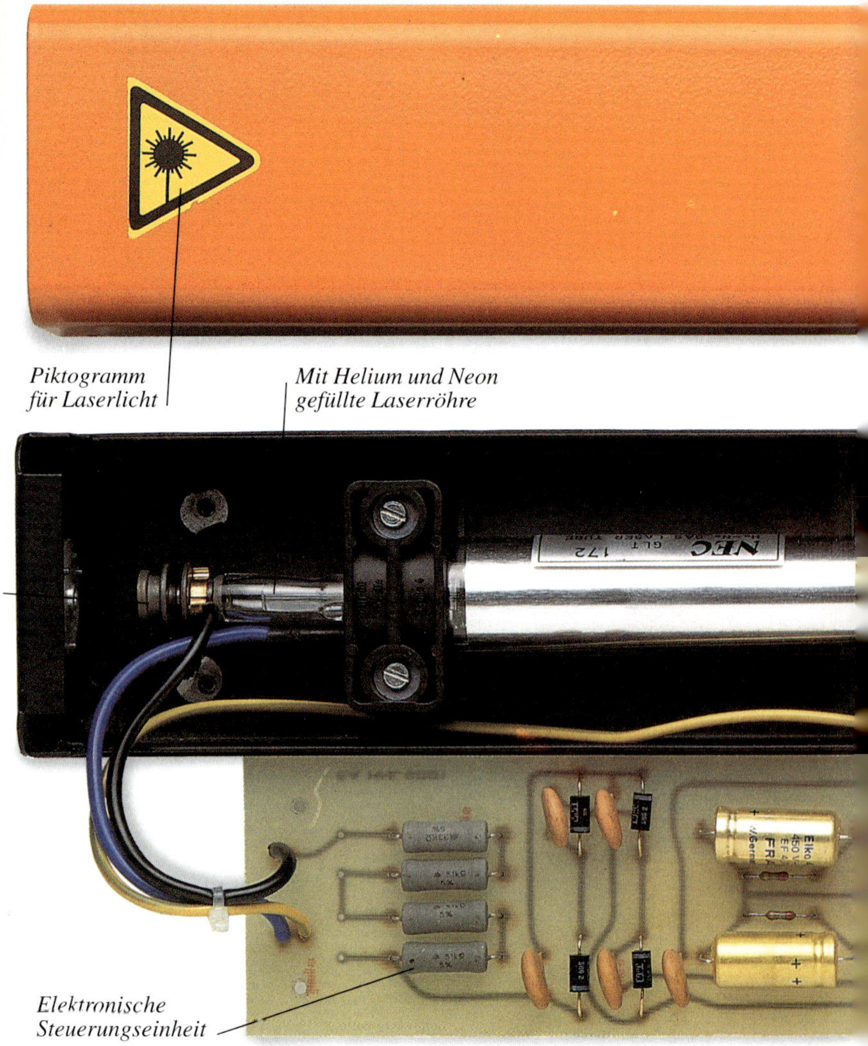

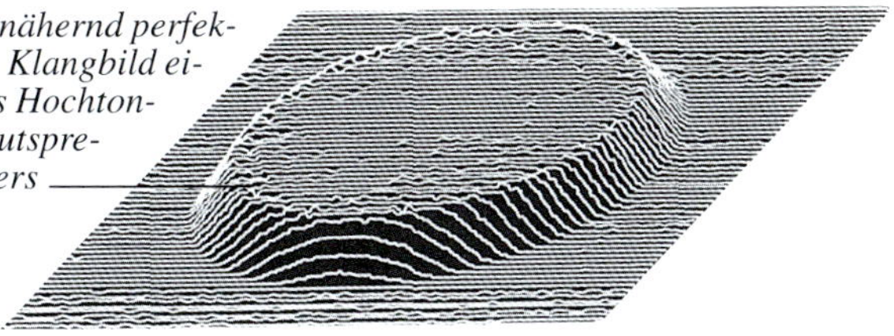

Annähernd perfektes Klangbild eines Hochton-Lautsprechers

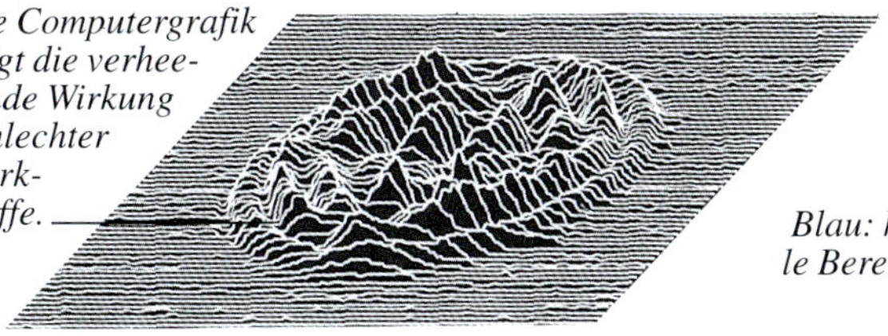

Die Computergrafik zeigt die verheerende Wirkung schlechter Werkstoffe.

LAUTSPRECHER IM TEST

Laser spielen nicht nur CDs ab, sie können auch die Konstruktion von Lautsprechern verbessern helfen. Wenn ein Lautsprecher zusätzlich zu den Schwingungen der Musik Eigenschwingungen erzeugt, wird die Wiedergabequalität beeinträchtigt. Mit einem Laserstrahl kann man die Oberfläche der schwingenden Lautsprechermembran abtasten. Dabei variiert man die Helligkeit des Laserlichts ständig. Aus der wechselnden Intensität des reflektierten Lichts errechnet der Computer, in welche Richtung und wie schnell sich jeder Punkt der Membran bewegt. Diese Daten (oben) erlauben Fachleuten Rückschlüsse auf die Ursache der Beeinträchtigung. In diesem Fall sind minderwertige Werkstoffe schuld.

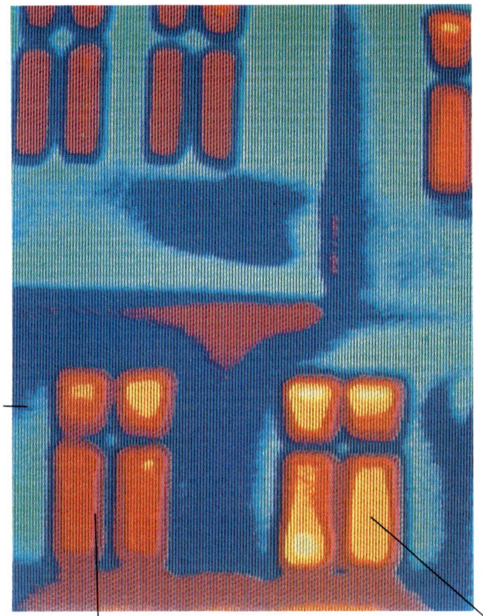

Blau: kühle Bereiche

Rot: warme Bereiche

Gelb: sehr warme Bereiche

ENERGIEVERSCHWENDUNG

Die Strahlung kühler Gegenstände hat eine größere Wellenlänge als die des sichtbaren Lichts und ist daher unsichtbar. Je höher die Temperatur, desto kürzer die Wellenlänge der emittierten Strahlung. Stark erhitzte Objekte glühen rot. Bevor dieser Punkt erreicht ist, wird Infrarotstrahlung abgegeben. Mit einer Spezialkamera kann man dies im Bild festhalten. Auf diesem Wärmebild eines Wohnhauses (links) sind die Wände blau (= kühl) und die Fenster rot (= warm). Das zeigt, dass aufgrund schlechter Isolierung der Fenster wertvolle Energie verloren geht.

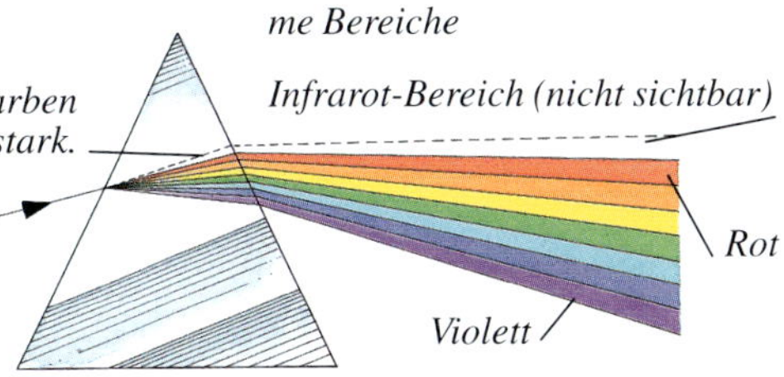

Prisma bricht die Farben unterschiedlich stark.

Infrarot-Bereich (nicht sichtbar)

Weißes Licht

Rot

Violett

INFRAROTE STRAHLEN

Ein Glasprisma zerlegt weißes Licht in seine Bestandteile. Im Jahr 1800 untersuchte Herschel das Spektrum des Sonnenlichts und registrierte mit einem Thermometer jenseits des roten Bereichs einen Temperaturanstieg. Damit erbrachte er den Nachweis für die Existenz der infraroten Strahlung.

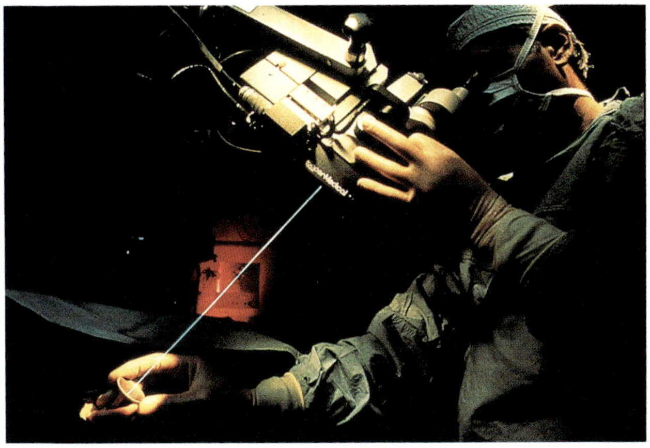

CHIRURGISCHE FEINARBEIT

Operative Eingriffe im Mittelohr und vor allem im Innenohr sind äußerst schwierig. Früher mussten die Patienten meist mit ihren Beschwerden leben. Heute hilft die Technik weiter, wenngleich auch sie keine Wunder vollbringen kann. Aus einem Argonlaser wird hochenergetisches blaues Licht tief ins Ohr gestrahlt, der Chirurg dirigiert den Laserstrahl am Mikroskop zu den betroffenen Stellen und kann so z.B. Geschwülste entfernen.

RUBINLASER

Den ersten Laser baute der amerikanische Physiker Theodore Maiman (geb. 1927) im Jahr 1960. Als Lichtquelle diente ein Rubinstab. Bei dem hier abgebildeten Laser fließt elektrischer Strom durch eine Röhre mit Helium und Neon. Dadurch werden einige Atome angeregt und emittieren Licht einer bestimmten Wellenlänge. Dies veranlasst andere Atome ebenfalls Licht der gleichen Wellenlänge auszusenden. Spiegel reflektieren das Licht hin und her, wobei es immer stärker wird, bis es schließlich als Strahl identischer Photonen durch einen teildurchlässigen Spiegel austritt.

BRAUKUNST
Seit frühester Zeit stellt man aus stärkehaltiger Gerste Bier her. Beim Rösten der Gerste zu Malz wird die Stärke in Zucker umgesetzt. Den Malzzucker lässt der Brauer unter Zusatz von Hefepilzen zu Alkohol und Kohlendioxid vergären. Der steigende Alkoholgehalt tötet schließlich die Hefepilze und andere Mikroorganismen in der Flüssigkeit ab.

Technik und Natur

Seit Jahrtausenden nutzt man biologische Prozesse zur Umwandlung von Naturprodukten. Dabei spielen Mikroorganismen (Hefepilze beim Brauen und Backen, Milchsäurebakterien bei der Käseherstellung) eine wichtige Rolle. Zusätzlich zu diesen alten Techniken hat sich die moderne Biotechnologie eine Vielzahl von Gebieten erschlossen. So werden heute aus Schimmelpilzen nicht nur Antibiotika gewonnen (S. 56), sie liefern auch wertvolle Proteine. Von großer Bedeutung ist die Erforschung der DNA (Desoxyribonukleinsäure), die als Träger der genetischen Information in lebenden Organismen die Fähigkeit zur identischen Verdoppelung hat und die Herstellung körpereigener Proteine steuert. Auf dieser Grundlage ist die Gentechnik entstanden, die biochemische Methoden zur Neukombination von Genen durch direkten Eingriff in die Erbsubstanz nutzt.

UNGEWOHNTE KOST
Wir ernähren uns von einer begrenzten Anzahl von Nahrungsmitteln. Insekten gehören nicht gerade dazu, obwohl sie durchaus Nährwert haben. Auch Schimmelpilze zu essen scheint nicht gerade verlockend, doch gebraten ergeben sie eine schmackhafte Mahlzeit. Die Schimmelpilze werden in Gärbottichen gezüchtet; der so entstehenden Masse entzieht man das Wasser und presst sie zu Würfeln.

GRUNDSUBSTANZ DES LEBENS
Die DNA besteht aus zwei spiralig angeordneten Nukleotidketten, die durch vier verschiedene Basen in wechselnder Kombination verbunden sind. Die Basen liegen allen Lebewesen zugrunde, so wie aus den Buchstaben des Alphabets immer wieder andere Bücher geschrieben werden. Einen DNA-Abschnitt, der die Information für ein bestimmtes Merkmal trägt, bezeichnet man als Gen. Gene kann man als Linienmuster sichtbar machen (oben).

BAKTERIEN AM WERK
Aus Kuh-, Ziegen- oder Schafsmilch werden hunderte von Käsesorten (S. 46) hergestellt, indem man der Milch Bakterien zusetzt. Das Aroma des Käses variiert je nach Bakterienart; manche Bakterien sind harmlose Verwandte von Krankheitserregern. Die Bakterien setzen den Milchzucker in Säure um, dabei dickt die Milch zu Käseteig ein.

Käseteig aus Ziegenmilch wird in Formen gefüllt.

Typische Stangenform für Ziegenkäse

Nach dem Abtropfen wird der fester gewordene Käseteig herausgenommen.

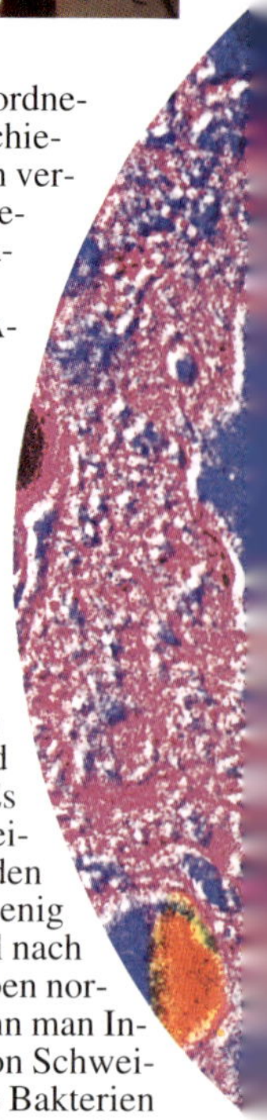

SCHUTZSCHICHT
Frischer Käse verdirbt an der Luft durch den Einfluss von Bakterien. Setzt man dem reifenden Käse Sporen von Schimmelpilzen zu, so wachsen diese rasch heran, töten andere Bakterien ab und überziehen den Käse schließlich als schützende und schmackhafte Kruste.

Frischer Käse

Nach sieben Tagen beginnt die Krustenbildung.

Reifer Käse mit schützender Schimmelschicht

VON GROSSER BEDEUTUNG
Das Hormon Insulin wurde 1921 von den kanadischen Wissenschaftlern Frederick Banting (1891–1941) und Charles Best (1899–1978) isoliert. Es wird von Zellgruppen in der Bauchspeicheldrüse produziert und reguliert den Zuckerhaushalt im Körper. Bei zu wenig Insulin bleibt der Blutzuckerspiegel nach Mahlzeiten stark erhöht. Insulingaben normalisieren ihn wieder. Früher gewann man Insulin aus der Bauchspeicheldrüse von Schweinen, heute stellen genetisch veränderte Bakterien die für Diabetiker lebenswichtige Substanz her.

In-vitro-Kultivierung

Zwar können Gentechniker Gene identifizieren und verändern, doch sie künstlich herzustellen ist nicht möglich. Sie entstehen ausschließlich auf natürlichem Wege. Da durch Eingriffe des Menschen in die Natur viele Arten vom Aussterben bedroht sind, hat man Genbanken eingerichtet, in denen die Erbinformation gefährdeter Pflanzen- und Tierarten konserviert wird. Samen sind z.B. ein solches „Speichermedium", besser jedoch ist die Pflanze selbst. Die Anzucht von Samen gefährdeter Orchideenarten erfolgt *in vitro* (lat.: im Glas), ähnlich wie bei Retortenbabys (S. 57).

SAMEN
Die Samen von Orchideen sind extrem klein (oben in etwa 1000facher Vergrößerung) und enthalten – im Gegensatz zu anderen Pflanzen – kein Nährgewebe. In der Natur wird die Versorgung des winzigen Orchideen-Embryos durch einen bestimmten Pilz gesichert, der in der Mutterpflanze lebt. Damit gefährdete Arten erhalten bleiben, setzt man bei der Anzucht den entsprechenden Pilz zu oder ahmt seine Wirkung künstlich nach.

Hafermehl als Nährstoff

AUSSAAT
Die trockenen sterilen Samen werden mit etwas Hafermehl als Nährstoff in eine Petrischale gegeben. Damit die Keime wachsen können, wird ein bestimmter Pilz oder ein künstlicher Ersatzstoff zugesetzt. Bis zur Keimung bleiben die Samen im Dunkeln. Damit der wuchernde Pilz die Keimlinge nicht erstickt, werden diese nach einiger Zeit in eine andere Schale gegeben. Nach einigen Monaten sind sie herangewachsen.

Wachsende Orchidee

Nährgel mit Zucker, Salz, Vitaminen und Holzkohle

JUNGPFLÄNZCHEN
Die jungen Pflänzchen werden in Gläser mit Gel umgesetzt. Nach einigen weiteren Monaten sind sie so groß, dass man sie in Blumentöpfe umpflanzen kann. Jede der vielen Millionen Zellen der ausgewachsenen Pflanze enthält die gleichen Gene wie der Embryo. Damit erhöhen sich die Chancen für den Fortbestand der Gene, und damit der Art, beträchtlich.

Insulin produzierende Zellen der Bauchspeicheldrüse im Elektronenmikroskop

Die Farben werden elektronisch erzeugt.

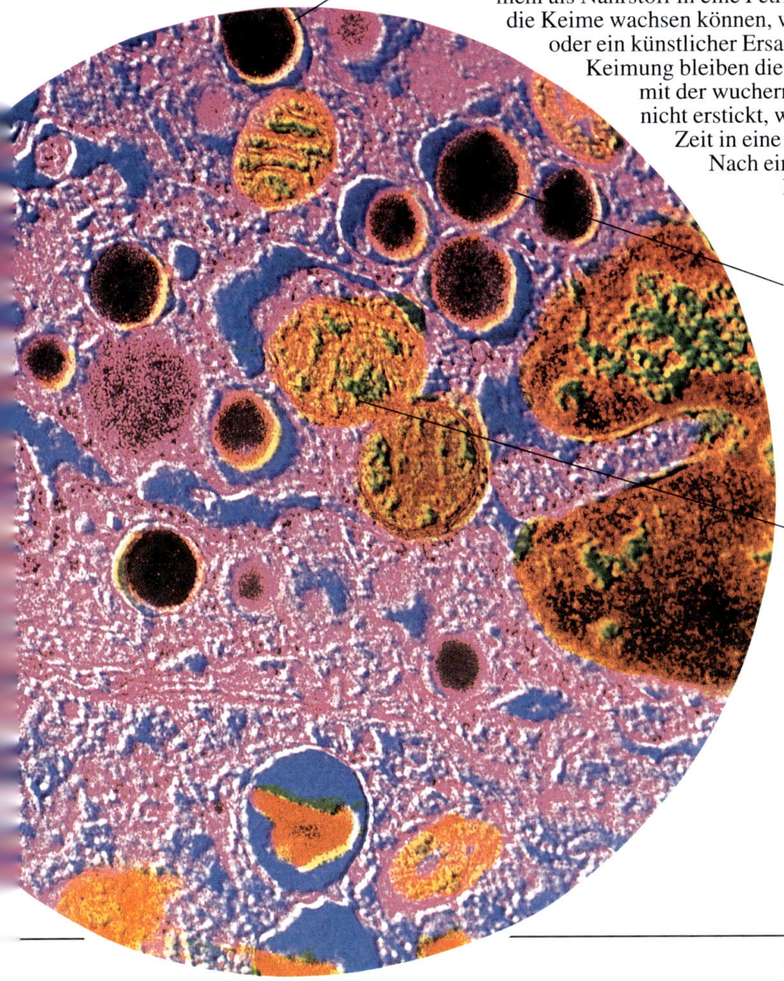

Zelle, die das Hormon Glukagon produziert

Zelle, die Insulin produziert

In den violetten Blüten wachsen die winzigen Samen heran.

VOLL ERBLÜHT
Die vom Aussterben bedrohte Orchideenart *Vanda coerulea* wächst nur in den Tropen, z.B. in Südostasien. Damit der Fortbestand der Art nicht dem Zufall überlassen bleibt, sichert man mithilfe der In-vitro-Kultivierung die Erhaltung der einzigartigen Genausstattung dieser Pflanze.

Blick in die Zukunft

Bis vor etwa 200 Jahren hatte Technik den Zweck einfache Lösungen für einfache Bedürfnisse zu schaffen. Mit dem Aufkommen kohle- und ölbetriebener Wärmekraftmaschinen (S. 36–37) wurde sie dann immer mehr zur beherrschenden Kraft. Manche schätzen ihre Errungenschaften, weil sie das Leben leichter und angenehmer machen, andere empfinden sie als Bedrohung. Angesichts der durch die Technik verursachten Umweltschäden und unserer begrenzten Reserven an fossilen Brennstoffen wird sich die Technik in Zukunft wandeln müssen. In Zusammenarbeit mit den Regierungen der Industrieländer suchen Ingenieure und Wissenschaftler nach umweltschonenden Lösungen. Von großer Bedeutung ist dabei die Erforschung neuer Energiequellen. Außerdem sammelt man gezielt Wertstoffe, um sie wiederzuverwerten. Statt hoch entwickelte Technik in die dritte Welt zu exportieren, sollte man diese Länder bei der Entwicklung von Techniken aus eigener Kraft unterstützen. All dies erfordert, dass wir in mancherlei Hinsicht unsere Ansprüche zurückschrauben und umdenken: Nicht alles, was technisch machbar ist, bedeutet auf lange Sicht einen Gewinn an Lebensqualität.

EINE PERSPEKTIVE?
Im Reich der Science-Fiction ist alles möglich. So schildert der Film *Universal Soldier* (1992, oben ein Szenenbild) die Zukunft des Menschen als Teil einer Maschine.

KERAMIK
Dieses Turbinenrad aus einem Turbolader zur Steigerung der Motorleistung ist aus Keramik (S. 8). Wenn man die Sprödigkeit solcher Materialien reduzieren kann, eignen sie sich als Werkstoffe für Automotoren.

Wiederverwertung

Die Metallgewinnung aus Erzen ist energieaufwändig. Bäume, die Rohstofflieferanten für Papier, wachsen nur langsam nach. Kunststoffe werden aus Erdöl hergestellt, für das es keinen Ersatz gibt. Wenn man diese Materialien wiederverwertet, schont man die natürlichen Ressourcen. Die Rückgewinnung von Aluminium aus Abfalldosen erfordert weit weniger Energie als die Gewinnung des Metalls aus dem Erz.

ALUMINIUM-KREISLAUF
Die gesammelten Dosen presst der Altmetallhändler zu Ballen (rechts) und verkauft diese ans Recyclingwerk. Dort wird das Metall zerkleinert und die Farbe mit Heißluft entfernt. In einem Magnetscheider werden die Stahlteile abgetrennt, bevor das Metall in den Schmelzofen fällt. Verunreinigungen werden abgeschöpft und die Schmelze in eine Form gegossen. Nach dem Abkühlen kann das Aluminium gewalzt und wieder zu Dosen verarbeitet werden.

KLÄRANLAGE
Wenn Abwässer ungeklärt in Flüsse gelangen, verschmutzen sie die Umwelt. In diesem Belebungsbecken wird Luft in Abwasser eingeleitet. Das regt die Tätigkeit von Mikroorganismen an, die organische Stoffe abbauen. Ungelöste Partikel setzen sich am Boden ab und das gereinigte Wasser kann wieder dem Fluss zugeführt werden.

EINE FRAGE DES STANDORTS
Auch die Wiederverwertung von Metalldosen, Kleidung oder Papier erfordert Energie, angefangen beim Sammeln der Wertstoffe. Wenn man seine leeren Dosen kilometerweit mit dem Auto zum Container transportieren muss, wird dafür mehr Energie verbraucht als für die Herstellung neuer Dosen aus Rohstoffen. Stehen die Container dagegen an zentralen, leicht zugänglichen Stellen, kann man die Dosen ohne Energieaufwand entsorgen, z.B. auf dem Weg zum Einkaufen. Außerdem ist man dann auch eher bereit seinen Beitrag zur Wiederverwertung zu leisten.

ZUKUNFTSMUSIK

Wenn es gelänge, die Energie der Wasserstoffbombe in einer kontrollierten Reaktion freizusetzen, stünden nahezu unerschöpfliche Energiereserven aus dem Wasser zur Verfügung. Auf dem Bild wird ein Kügelchen aus den „schweren" Wasserstoffisotopen Deuterium und Tritium mit einer Laserleistung von 2 Mrd. kW plötzlich auf 100 Mio. °C erhitzt. Dabei sollen die Atomkerne verschmelzen und Energie freisetzen.

WINDENERGIE

Unsere einzige unerschöpfliche Energiequelle ist die Sonne. Ein Teil der Sonnenenergie wird durch Luftdruckunterschiede bei der ungleichmäßigen Erwärmung der Atmosphäre zu Windenergie. Diese wird in sog. „Windfarmen" in Elektrizität umgewandelt. Die abgebildeten Generatoren arbeiten nach dem Prinzip der Windmühle. Windkraft verursacht keine Umweltverschmutzung, doch die Propeller machen Lärm und beeinträchtigen das Landschaftsbild. Selbst eine große Windfarm erzeugt nur wenig Elektrizität. Würde man in den USA sämtliche geeigneten Flächen nutzen, ließen sich damit nur ca. 10% des gegenwärtigen Bedarfs decken. Deshalb ist es erforderlich, die Energie sinnvoll zu nutzen und jede Verschwendung zu vermeiden.

„LOW-TECH" HAT ZUKUNFT

Man vergisst leicht, dass es unzählige Menschen gibt, die nicht wie wir Kühlschränke, Telefone und Computerspiele besitzen. In vielen Gegenden der Welt ist man darauf angewiesen, die wenigen verfügbaren Energie- und Materialreserven bestmöglich zu nutzen. Auch in Industrienationen kann dies vielleicht künftig einmal nötig sein. Die abgebildete Spielzeug-Wasserpumpe besteht aus Schrottteilen: einer alten Öldose, Holz, Bindfaden, Rohrresten und Zaundraht. Sie funktioniert genau wie die viel größeren Pumpen, die – nur mit Muskelkraft betrieben – in Entwicklungsländern zur Bewässerung eingesetzt werden.

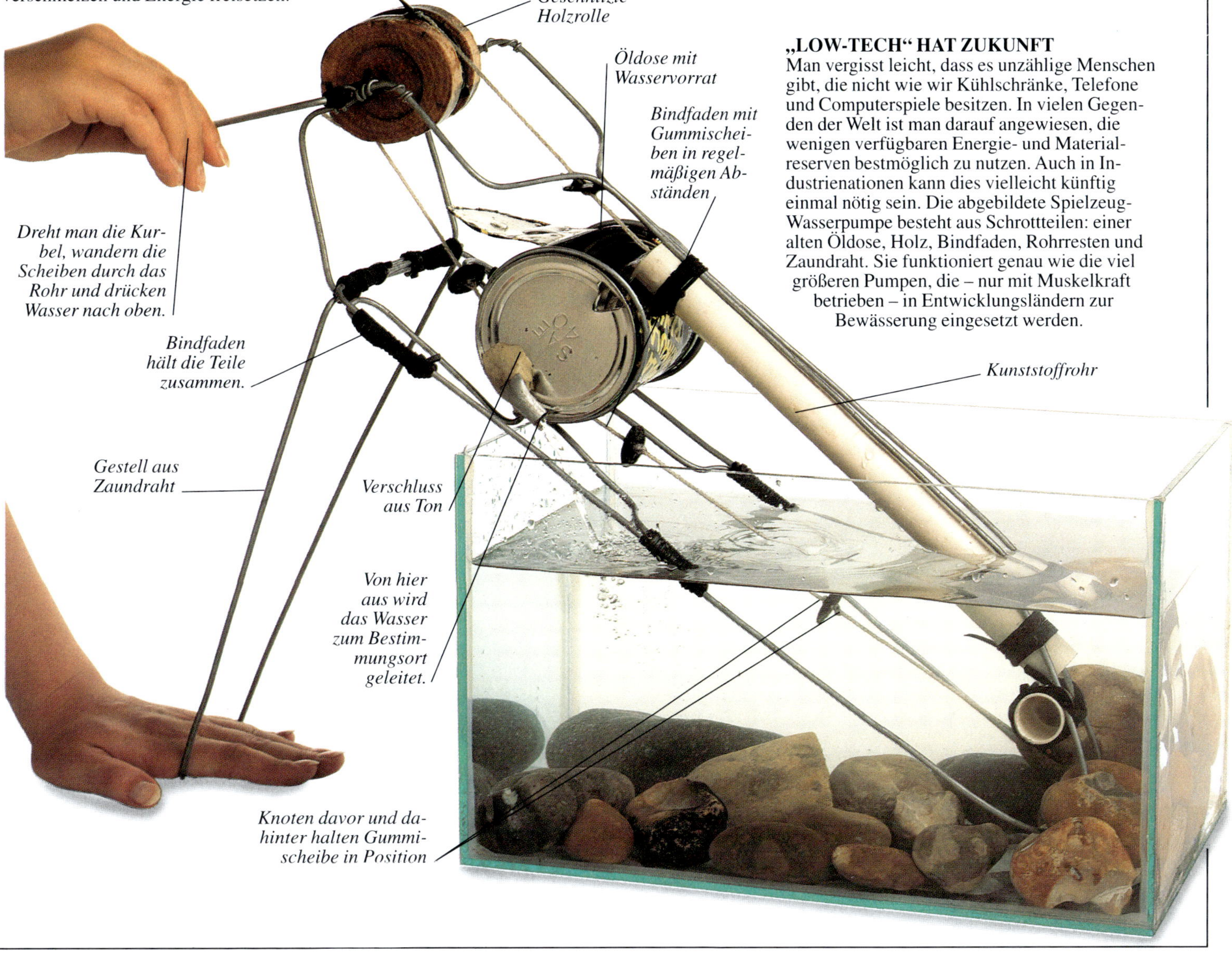

Geschnitzte Holzrolle

Öldose mit Wasservorrat

Bindfaden mit Gummischeiben in regelmäßigen Abständen

Dreht man die Kurbel, wandern die Scheiben durch das Rohr und drücken Wasser nach oben.

Bindfaden hält die Teile zusammen.

Kunststoffrohr

Gestell aus Zaundraht

Verschluss aus Ton

Von hier aus wird das Wasser zum Bestimmungsort geleitet.

Knoten davor und dahinter halten Gummischeibe in Position

Register

Bildnachweis

o = oben, u = unten, m = Mitte, l = links, r = rechts

Alcan International: 14l, 14u, 62ur; All Sport: 7ol; Arcaid: 53or; British Library: 50ol; British Museum: 8ol, 12or, 14ol, 24m; Bruce Coleman: 61ur; e. t. Archive: 34mr, 35ul, 44ol, 44uro; Mary Evans Picture Library: 34or, 39ml, 47ol, 53om; Ronald Grant Archive: 62ol; Robert Harding Picture Library: 7or, 9or, 10ul, 11m, 17or, 24ml; Hulton Deutsch: 29ol, 34ul, 42ml, 53ol, 56m; Illustrated London News: 40ml; Image Select: 6ml, 36ol, 44ul, 46or; Mansell Collection: 16ml, 38ol, 58or; Microscopix: 18ol; M.I.R.A.: 43or, 53ml; NASA: 55ur; Richard Olivier: 49ur; Robert Opie Collection: 39m; Popperphoto: Einband, 37ur, 39ul, 57ml; Q. A. Photos: 21or; Range/Bettmann: 46mr; Rex Features: 28ol, 43mr, 44or, 55ul; Rolls-Royce/Derby: 3ul, 4ur, 7ul, 15ul, 15ml, 15mr, 53m, 53u, 53ul; Scala: 21ol, 34ur; Science Photo Library: 7ur, 13or;/Astrid und Hans Frieder Micheler: 14om, 15om;/Ben Johnson: 16mr;/Dr. Jeremy Burgess: 27ur;/Simon Fraser: 31ol;/Philippe Plailly: 35ur;/George Haling: 43m;/James King Holmes: 47ml;/Geoff Lane: 47ul;/Malcolm Fielding: 54ol;/John Walsh: 54mr;/ Ross Ressemeyer: 55or, 56ol;/Martin Dohrn: 56ul, 56–57, 57or;/Hank Morgan: 57m;/Geoff Tompkinson: 57ur;/Philippe Plailly: 58ml;/Alexander Tsiaras: 59ur;/James King Holmes: 60mr;/Sechi-Lecaque: 61ul;/John Walsh: 62m;/ Hank Morgan: 62mr;/Roger Rossemeyer: 63ol;/Martin Bond: 63ol; Zefa: Einband m, 17ur, 21m, 37ol, 44ul, 51or, 55ml, 59om;

Die auf folgenden Seiten abgebildeten Gegenstände gehören zu den Sammlungen der nachstehend genannten Museen: British Museum, London: 8ol, 12ol, 12ml, 16ol, 24mr, 35l, 39or, 56ml; Design Museum, London: 29or, 32/33m, 40r, 41ol, 43ol, 49ml, 52u, 52ml; Ironbridge Gorge Museum, Shropshire: 12mr, 13ol, 13om, 13mr, 16u, 17u; Kew Gardens, London: 61ol, 61m, 61mr; Kirkaldy Testing Museum, London: 12ur, 13ul, 20u, 21u; Museum of London: 12ol; Natural History Museum, London: 10ol, 26ol; Pitt Rivers Museum, Oxford: 12ul; Science Museum, London: 9um, 9mr, 9ul, 22/23u, 27mr, 27ml, 28/29mu, 29ml, 30o, 30m, 30u, 31m, 32lm, 34m, 35or, 40um, 41m, 42/43u, 44m, 45ml, 47or, 47omr, 54ml, 54m, 57mr; University of Archaeology and Anthropology, Cambridge: 14ol

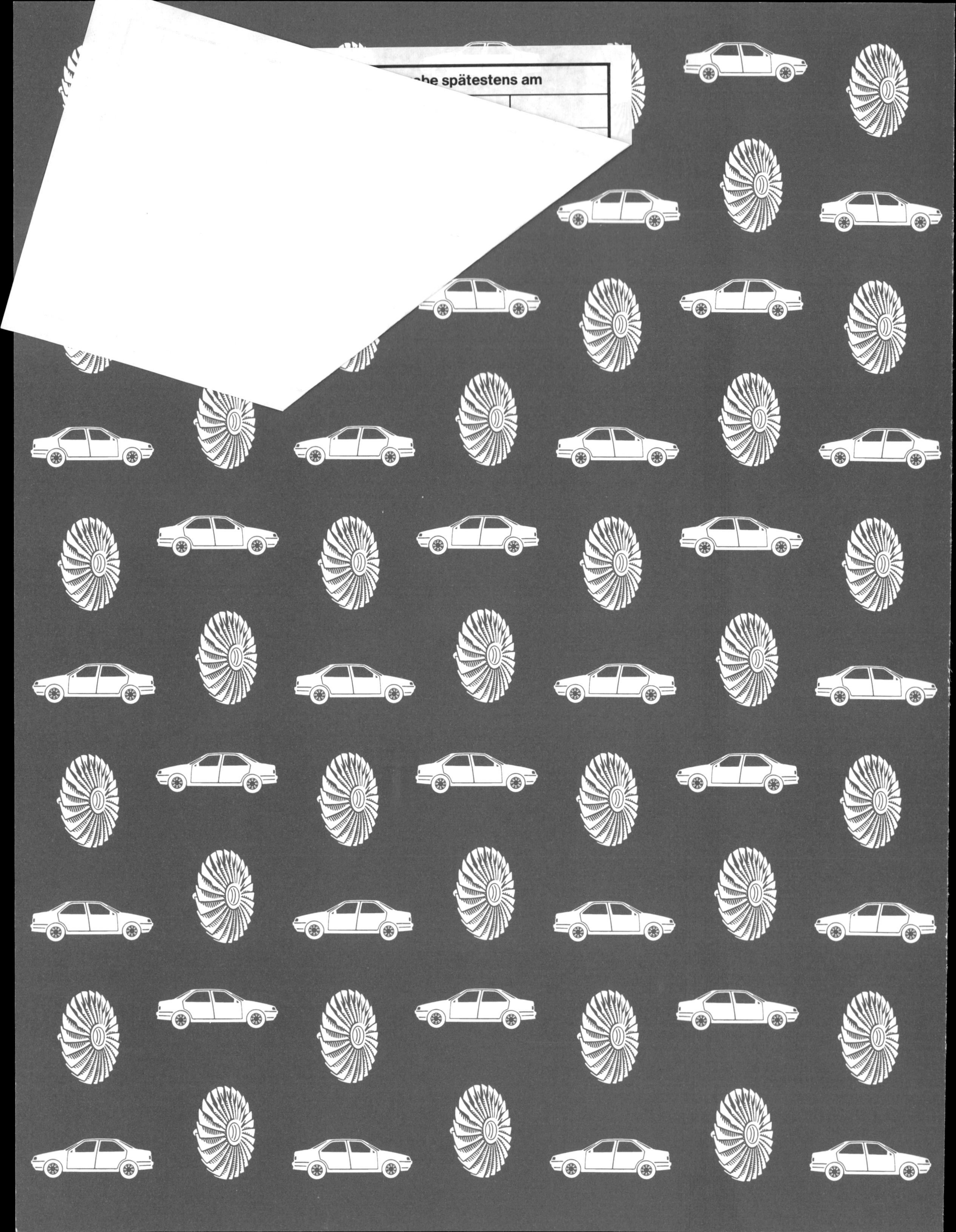